态　度

高文斐　著

图书在版编目（CIP）数据

态度 / 高文斐著 . — 长春 : 吉林文史出版社，2019.7（2023.8 重印）

ISBN 978-7-5472-6456-0

Ⅰ . ①态… Ⅱ . ①高… Ⅲ . ①人生哲学－通俗读物 Ⅳ . ① B821-49

中国版本图书馆 CIP 数据核字（2019）第 161382 号

态　度

出版人　张　强
著　　者　高文斐
责任编辑　陈春燕
封面设计　韩海静
出版发行　吉林文史出版社
地　　址　长春市福祉大路出版集团 A 座
印　　刷　德富泰（唐山）印务有限公司
版　　次　2019 年 7 月第 1 版
印　　次　2023 年 8 月第 2 次印刷
开　　本　880mm × 1230mm　1 / 32
字　　数　120 千字
印　　张　6
书　　号　ISBN 978-7-5472-6456-0
定　　价　38.00 元

前　言

人生伊始，犹如一片旷野，选择不同的方向，就会看到不同的风景。

前方或许是巍峨的山峰，或许是奔腾的河流，或许是浩瀚的海洋，或许是茫茫的原野……你可以选择跟随前人的足迹，去往最受人欢迎的观景区；你也可以前往人迹罕至的地方，去搜寻独属于自己的风景。

不论你怎样选择，最终走向何方，会收获怎样的风景，生命的意义与内涵其实都是一样的。越过了山峰是荣誉，跨越了海洋同样值得夸耀，畅游江河有乐趣，漫步旷野同样也其乐无穷。说到底，只要有所建树，无论你做的是什么事情，无论你走的是什么方向，人生的价值都可以得到体现。

比如一名成功的教师和一位成功的企业家，一名成功的小摊贩和一位成功的科学家，一名成功的家庭主妇和一位成功的医生——他们在实现自我价值时所获得的愉悦感和成就感是没有高下之分的。

那么，决定人生价值不同方向的究竟是什么呢？

答案其实很简单——态度。

一个人生命的价值取决于这个人对生活的态度。

生活中，对自己没有恰当的定位，在人生的道路上就容易迷失方向；对未来没有明确的想法与规划，人就容易“常立志”却始终一事无成。对自己缺乏信心，生活就容易失去希望；不敢承担未知的风险，困难面前就容易胆怯退缩。积极乐观，哪怕身处沟壑也能自娱自乐；悲观消极，哪怕立于巅峰也免不了担惊受怕。

就像有人曾说过的：“你对生活的态度决定了谁是坐骑，谁是骑师。要么你去驾驭生命，要么是生命驾驭你。”心态是你真正的主人，具有怎样的心态，你就能成为怎样的人。

很多时候，命运丢给每个人的东西其实是大同小异的，但不同的态度就决定了人与人之间不同的反应与选择，进而缔造出不同的结果。一次次的“差之毫厘”，不断向前推进、叠加，最终便有了不同人命运的“谬以千里”。

在你的人生中——

那些困扰你的难题，归根结底其实都是态度问题，转变心态，你会发现，人生也会随之产生翻天覆地的变化；

那些看似无法攻克的难关，实际上也远远不像你所以为的那样“高不可攀”，只要努力去做，哪怕是一个普通的改变，也终将能够改变普通；

那些困扰你生活的烦恼，其实也不一定就真的可怕至极，放宽心态，学会原谅，学会包容，便依旧可以轻装上阵，继续前行；

那些阻碍你的困难和挫折，痛苦与坎坷，未必就像你所看到的那样危险，鼓起勇气，迎难而上，“不行”也能变成“行”；

那些看似没有出路的绝境，那些束缚禁锢你的囚笼，归根结底，需要的不过就是一次转变，一次改革；

那些阴云密布的日子，黎明之前的黑夜，煎熬过后便能迎来阳光灿烂、鸟语花香；

那些看似无法攀登的高峰，看不到尽头的阶梯，其实只要认真攀爬，终有一天，你也能站到俯仰天地的高度；

那些仿佛永远也无法实现的超越，无法获得的完美，归根结底，也并非是能力的差距，而是态度的差异。

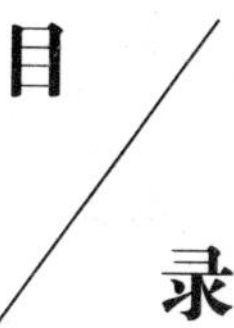

目录

辑一 困窘：你人生所有的难题，都是态度问题

总是有人抱怨，为什么自己的人生如此不顺利，为什么自己的人生不能像别人那样一帆风顺。明明大家能力差不多，条件也差不多，而别人总是过的比自己好。

这个问题的答案非常简单，人生当中的确有很多的难题，但如果你的难题总是比别人多，那就说明你的难题是自己给自己找的。究竟是什么促使你总是自找麻烦呢？归根究底，是你的态度问题。

你不是缺少机遇，而是畏惧风险

人人都渴望机遇，有了机遇就意味着拥有了成功的可能，但机遇总是稀少而珍贵的，只有少数人能够成为它所青睐的幸运儿。

能够拥有机遇的人是幸运的，但幸运并不是抓住机遇的唯一途径。事实上，无论对任何人来说，机遇都是公平而公正的，若你没有足够的魄力，那么即便幸运女神一直站在你的身边，你也终将和机遇一次次擦肩而过。因为很多时候，机遇并不会温顺地出现，某些机遇在出现时总是宛如台风海啸、巨石挡道、大山阻川，让人无法把握，然而，这也正是考验勇气的时候，只有那些足够有胆量去冒险，去尝试的人，才有抓住机遇的可能。

很多时候，我们其实并不是缺少机遇，只是畏惧风险。因为畏惧那些未知的危险和苦难，所以总在犹豫之间就错失了机遇，错失了成功的可能。要知道，在那些危险与苦难的背后，或许正藏着机会与希望，不冒点风险。

风险和机遇总是成正比的，高风险往往意味着高回报。人生在世，只有不盲目地对风险之事，敢于尝试接触新事物，我们才有机会拥有更大的舞台，更大的成功。

1976年，美国阿德尔化学公司推出了一种通用型的家用清洗剂——莱斯特尔。产品一问世，总裁巴尔克斯就通过报纸、广播的宣传方式为其做广告，但令人失望的是，莱斯特尔的市场营销很失败，阿德尔公司50万美元的营业额在整个市场中只占了一个微小的份额，这令巴尔克斯很是头疼。

经过一番思索，巴尔克斯又想到了电视广告，他决定选择晚上6点以前10点以后的“垃圾时间”。当时，阿德尔化学公司的其他人一致进行了反对，建议巴尔克斯选择黄金时间做广告，因为电视宣传主要是在黄金时间的广告节目中才会有效果，只有肯花巨资购买黄金时间，才能取得良好的宣传效果。

不过，巴尔克斯是这样认为的：黄金时段广告众多，很难给观众留下深刻的印象。如果连续几个月都在晚间节目里播出莱斯特尔的广告，既能够节省一部分财力，而且又不会与其他广告节目冲突，这会给观众们留下深刻的印象。于是，他毅然与电视台签订了合同，每周在垃圾时间里进行30次的播放，高密度地做莱斯托尔的广告。

出人意料的是，广告连续播出两个月后，莱斯特尔在霍利约克市场上的销量大幅度上升。四年的时间里，巴罗斯基在垃圾时间所做的广告宣传总量遥遥超过了诸如可口可乐等多年雄居广告榜首的大公司，被美国广告界称为“不可思议的电视年”，莱斯特尔家用洗涤剂的销售额高达2200万美元。

机遇并不总是携带着和风细雨而来的，更多的时候是“山雨欲来风满楼”，在这种时候，如果我们能够相信自己，战胜懦弱、恐惧，那么就可能成就许多事情。就如美国传奇人物、拳击教练达马托所说的：“英雄和懦夫都会有恐惧，但英雄和懦夫对恐惧的反应却大相径庭。”

回想一下那些能够在自己所在领域成为领袖的人物，他们或许有着截然不同的身份背景，有着天差地别的性格特点，但必然都有一个共同点，那就是心怀大气，魄力十足，勇于面对风险之事，敢于尝试接触新事物，不甘沉沦，没有退缩。他们从来不惧风险，所以他们也从来不会错过机遇。就像巴尔克斯那样，因为敢于做别人不敢做的事，敢于坚持自己的想法，所以才能创下这样不可思议的广告奇迹。

大学毕业后，王斌和牛彭同时任职于一家印刷公司，担任技术专员。刚开始两人的工作表现没有太大的差别，可是半年后，牛彭晋升为主任，王斌却被老板辞退了。这主要源自一件事情：公司从德国进口了一套先进的排版设备，老板嘱咐王斌和牛彭好好地研究一下，争取一个星期内投入使用。

一看说明书都是德文的，王斌连忙推诿说：“我对德语一窍不通，看不懂说明书，我不会用”；牛彭自然也知道这是块“烫手山芋”，但他还是接了下来，并夜以继日地忙碌起来。不懂德文，他就请教老师、朋友，或者在网上在线翻译；新设备中不明白的地方，他就通过电子邮件向德国的技术专家请教。几天下来，他已经熟练掌握了新设备的使用方法，在他的指导下，同事们也都很快学会了。

知道牛彭不会让自己失望，老板总是把重要的、难度大的工作交给他完成，而把一些无关紧要的工作交给王斌。牛彭做得多、学得多，最终成为了公司离不开的人；而王斌做得少、学得少，自然成了多余的人，被开除在所难免。

在大多数人看来，一个星期内掌握一个德文的新款设备是个不大可能完成的任务，难度很高，风险很大，所以王斌不敢接受挑战，不冒风险，求稳怕乱，结果葬送了自己原本无穷的潜能，惨遭公司开除；而牛彭则不然，哪怕前方再多困难，他都积极应对挑战，主动做解决问题的高手，最终胜任了工作，成为企业青睐的人。

瞧，很多时候，我们之所以错过机遇，并不是因为我们不够幸运，而是因为我们在风险面前选择了退缩。回想一下，你在工作或者生活中是否出现过这种心理："我的方案已经做得很完美了，是客户太挑剔了，我也没办法""那些问题的确很难解决，我已经尽力了，做不好也不算什么"……这些理由看起来似乎合情合理，但背后却隐藏着我们面对困难时的妥协和面对挑战时的逃避。

所以，别总羡慕别人的"幸运"，也别总为自己的"命运多舛"而唉声叹气。当我们觉得自己总是抓不住机遇时，或许应该好好问问自己，在遇到难以克服的困难时，我们是如何选择的？是为了维护自身安全和既得利益，不敢去做哪怕是一点点的尝试；还是勇敢地迎接挑战，不惧风险？找到答案，或许你就会发现，其实你人生中的很多问题都与运气无关，而是源自于你面对人生的态度。

无论主角配角，演好了都是角儿

人生就像一个大舞台，每个人都扮演着不同的角色，演绎着千奇百怪的故事。在这些故事里，你可能是主角，也可能是配角；你可能有无数个特写，也可能根本无人问津；你可能扬名立万，也可能默默无闻……但不管你扮演的是怎样的角色，在每一个故事里，必然都有自己独特的意义，只要演好了，那就都能成为角儿。

没有任何人的经历一直都会一帆风顺的，也没有任何人可以永远只扮演主角。俗话说得好，“三起三落是人生”，人生有太多的意外，亦有太多的不可知，并不总是处处随人所愿，只有上台下台都自在，主角配角都能演的人才是生活真正的强者和智者。

无论身处顺境还是逆境，无论站在舞台中央还是身处幕布背后，都要学会保持平和的心态，努力认真地面对生活，扮演好自己的角色，这是面对人生时的一种能屈能伸的弹性。只要保持这种弹性，哪怕在颠沛流离中，我们也能使人生安稳，并重新寻得再放光芒的机会。

世界总会还我们一个公平，观众也总会给我们一个公正，君不见，在主角光环的覆盖之下，不是还有一个“最佳配角奖”吗？哪怕只是一个优秀的配角，也总比一个蹩脚的主角要光荣得多！真正能够赢得世人钦佩的，不是你扮演了一个怎样的角色，而是你如何来扮演这个角色。没有“演技”，哪怕站在聚光灯下，也只会是哗众取宠的小丑；相反，若是演技极佳，哪怕只有一个背影，也能让你获得掌声，赢得尊重。

李维和王陵是同一年进入公司的。学历高的李维刚进公司就被提拔做了部门的小组长，而学历低的王陵则被安排去了传达室负责公司的信件收发工作。

作为这一批新人中最受领导关注和器重的新员工，李维可谓是意气风发，每天办公、开会，忙进忙出，兴奋中都难掩骄傲的神色。但可惜，大概是运气不好，没过多久，原本意气风发的李维因为得罪了一位大客户而被“发配”到业务部当职员了。这一打击简直让李维难以承受，觉得自己似乎成了全公司的笑柄。沉重的心理负担让李维日渐消沉，对工作也失去了原本的热情。后来，他变成了一个愤世嫉俗的人，再也没有升过官。

王陵的命运和李维截然不同，因为学历低又没经验，王陵可以说是新员工里最不受重视的一个了，如果不是公司收发室的老员工王伯正好因为生病辞职，王陵甚至可能根本没机会进入公司。

虽然王陵负责的只是最简单的信件收发工作，但他并没有因此就敷衍了事，而是一直积极努力地做好每一件事，力求把每一个细节都做得尽善尽美。工作之余，他还主动承担了公司各部门的不少“杂活儿”，并在一个星期之内记住了公司的所有部门领导以及大部分员工。

每天早上，王陵都会把所有的信件和文件分门别类，亲自送到每一个部门，并从各部门带走需要寄出的信件和文件。不管遇到谁，王陵都会礼貌地和对方打招呼问好，久而久之，公司上下也都认识了王陵。

王陵在传达室一做就是一年多，如果是其他小年轻，可能早就受不住寂寞选择跳槽，或者开始敷衍了事地做事了，可王陵没有，他始终如一日地认真做着每一件事，似乎完全没有因为升职或加薪的问题而感到苦恼。

当然，命运从来不会遗忘任何一个努力勤奋的人。后来，因为公司业务拓展，总裁决定提拔一名新助理，而得到这个机会的人就是王陵。

很多人羡慕王陵一飞冲天的“好运气”，但他们却不知道，这份“好运气”是王陵用一年多的时间，认认真真、勤勤恳恳累积起来的。如果没有那份认真的态度，没有每一次恰如其分的问好，王陵一个小小的收发员又怎么可能赢得总裁的青睐呢?

初进公司之时，李维无疑是受尽关注的主角，而王陵呢，自然就是不起眼的小配角。然而，一直处于聚光灯下的李维却因为小小的挫折和沉浮而陷入自暴自弃的漩涡中，最终把自己的一手“好牌”都给打烂了。王陵则不同，他从一开始所扮演的就只是一个不起眼的小配角，做的是最简单的杂活儿，可即便如此，他也没有丝毫懈怠，反而靠着自己的勤奋和认真，硬是把这个小配角“演”出了精彩，“演”得让每一个人都无法忽视。

可见，一个人究竟是否能在人生的大舞台上绽放光彩，关键并不在于这个人扮演什么样的角色，而是在于这个人怎样去诠释自己所扮演的角色，是敷衍了事还是勤恳认真？是自怨自艾还是能屈能伸？决定一个人命运的，从来不是运气，而是这个人面对生活的态度。

谁都希望演主角，谁都不甘愿做衬托别人的绿叶，可在人生的舞台上，我们很多时候是没有选择的。我们只能接受生活的赐予，顺从命运的安排，这就是人生，这就是现实。但是，我们虽然无法决定自己站立的位置，却可以决定自己站立的方式；我们虽然无法选择自己的起跑点，却可以控制自己是奋勇狂奔还是停滞不前。

一个人，如果真正想要成就一番事业，那么，他就必然不会因为人生的起伏而懈怠，也必然不会为一时的阻碍所困扰。人生的际遇是变化多端，难以预料的，任何的起伏总是逃不过的。无论身处顺境或逆境，无论站在巅峰或低谷，我们都应有“台上台下都自在，主角配角都能演”的心态，就如《菜根谭》中所说的“宠辱不惊，闲看庭前花开花落；去留无意，漫随天外云卷云舒”，这才是强者和智者应有的人生态度。

不是盛气凌人，就代表你高人一等

人生在世，不是说权倾四方、威风八面就是成功。真正高贵的人，必然是懂得尊重的人，因为他们深知，并不是只要表现得盛气凌人，就能代表你高人一等。无论职务高低，身份贵贱，都要宠辱不惊，淡看沉浮，尊重身边的每一个人，这才是维系人与人之间关系最基本的要素，也最能彰显一个人的胸怀与气魄。

美国纽约曼哈顿发生过一个真实的故事：

一个晴朗的午后，在位于纽约曼哈顿的美国著名企业“巨象集团”总部大厦楼下的花园长椅上，坐着一个中年妇女和她的儿子，她似乎很生气地在跟儿子说着什么。距他们俩不远处，一位六七十岁头发花白的老人正拿着一把大剪刀在园中剪枝。

这时，妇人突然从随身挎包里拿出一把手巾纸揉成一团，一甩手扔了出去，正落在老人刚剪过的灌木枝上。白花花的一团手巾纸在翠绿的灌木上十分显眼。老人朝中年女人看了一眼，什么也没说，走过去，拿起那团纸，扔进旁边的垃圾筒里，回到原处继续修剪灌木。

哪知，中年女人又从挎包里揪出一团卫生纸扔了过去。儿子奇怪地问：“妈妈，你要干什么？”中年女人没有回答，只朝儿子摆了摆手，示意他不要说话。老人将这团纸也拿起来扔到筐子里，谁知妇人随后又扔来一团纸。就这样，老人不厌其烦地捡了妇人扔过来的六七团纸，始终没有露出不满和厌烦的神色。

这时，中年女人指着老人对儿子说：“我希望你明白学习的重要性，如果你现在不努力学习，眼前这个修剪灌木的老人就是最好的例子，将来你就跟这个老园丁一样没出息，只能做这些卑微、低贱的工作！”原来男孩儿学习成绩不好，妈妈生气地在教训他，而面前这个剪枝的老人就成了“活教材”。

老人听到了妇人的话，放下剪刀走过来：“夫人，这是巨象集团的私家花园，按规定只有集团员工才可以进来。”

妇人高傲地说：“那当然，我是巨象集团所属一家公司的部门经理，就在这座大厦里工作！”说完，她掏出一张证件朝老人晃了晃。

老人沉思了一会儿，说道：“如果您不介意的话，我能借你的手机用一下吗？”

妇人一边极不情愿地把自己的手机递给老人，一边又借机会开导儿子：“不是妈妈说，你看这些穷人，这么大年纪了，连一只手机也买不起，你今后一定要努力学习，长大了可要长出息哟！”

老人拨了一个号码，简短地说了几句话，就把手机还给了那妇人。没过一会儿，巨象集团人力资源部的负责人急匆匆地走了过来，妇人忙满面堆笑迎上去，可是那位负责人好像没有看到她，径直走到老人面前，毕恭毕敬地站好。

“我现在提议免去这位女士在巨象集团的职务！”老人指着妇人对负责人说道。

负责人连声答道：“是，总裁先生。我立刻按您的指示去办！”

妇人大吃一惊，原来这个人正是“巨象集团”的总裁詹姆先生，她颓然坐到椅子上。

老人用手抚摸着男孩儿的头，意味深长地说：“孩子，我希望你明白，在这世界上最重要的是要学会尊重每一个人……等你真正理解并学会怎样尊重别人的时候，你带着你的妈妈再来找我吧。”

詹姆先生是学识渊博、才华横溢的商界领袖，更是心怀大气、从容淡定的普通人，他能够不厌其烦地捡起妇人扔过来的六七团纸，还做得心平气和，恬淡安然，始终没有露出不满和厌烦的神色，这是一种朴素而伟大的人格魅力。

官职再大，地位再高，钱财再多又怎样，静下心来看待这一切，你会明白所有人的人格是平等的，世界上谁也不会比谁高贵多少，这些身外之物是微不足道的。你越是表现得盛气凌人，只会越发显得你缺乏教养。

子曰：“君子不重则不威”，重为庄重，不是自命贵重；威乃威严，绝非八面威风。那些取得伟大成就的人，无论自己居于何等高位，身份多么尊贵，他们都会以一颗平常心对之，从不标榜自己，更不会四处张扬、盛气凌人，尊重身边的每一个人，这是一种大气，更是一种成大事必备的态度。

在一架班机的经济舱上，一名漂亮的白人女士被安排在一个黑色皮肤的男人旁边。任凭黑人怎么微笑，她都怒目相视，最后还气势汹汹地把空姐叫来，吼道："你们必须给我换位子，我受不了坐在这个令人倒霉的家伙旁边！"

空姐看了看那位黑人，对方用尴尬的微笑回应着。"请稍等"，空姐走开了，几分钟后空姐回来了，她微笑着说："女士，很抱歉，经济舱已经客满了，不过在头等舱还有一个空位。将乘客提升到头等舱是我们从未遇到的情况，但是我已经获得机长的特别许可了。"

白人女士高兴地站起来，准备收拾东西，岂料空姐却转向了那名黑人，"机长认为要一名乘客和一个令人讨厌的人同坐真是太不合情理了，先生如果您不介意的话，我们已经准备好头等舱的位子了，请您移驾过去。"

白人女士呆住了，机舱里爆发了一片热烈的掌声。

人与人之间大多是存在差异性的，比如，有的人事业风光，有的人下岗失业，有的人腰缠万贯，有的人贫困潦倒……基于此，有些人习惯以官职大小、钱财多少或学问高低论尊卑，在不如自己的人面前大要派头，威风凛凛，盛气凌人于无形。

殊不知，这是一种不尊重人的表现，最后只会招致别人的反感，自取其辱，让自己难以下台。就像事例中那位白人女士，她自以为自己是“优秀” 的白种人，便瞧不起“劣质”的黑种人，摆出一副盛气凌人的丑态，结果却令机舱的乘客们对她敬而远之，甚至群起攻之。

要知道，所有人的人格都是平等的，世界上谁也不会比谁高贵多少。一个人无论居于何等高位，身份多么尊贵，都要懂得适当掩藏自己的盛气，在尊重别人的基础上，平等地对待每一个人，这是一种朴素而伟大的人格魅力，更是一种尊重生命的态度。

你现在的困厄，来自你内心的贪欲

俗话说“雁过留声，人过留名”，谁也不想默默无闻地活一辈子。这其实也不是什么坏事，人只要拥有了欲望，才能产生进取的动力。但凡事也当以适度为宜，过分追求名利，受其诱惑，妄图功名，就容易滋生邪念，甚至走上歪门邪道，让自己陷入无止境的麻烦与困扰中。

庄子曰：“至人无已，神人无功，圣人无名”，意思是，“修养最高的人忘掉自我，修养较高的人无意追求功业，有学问道德的人无意追求名声。”这是告诉我们，功名是虚浮之事，也是身外之物，懂得控制自己欲望的人，才不会被欲望所左右。很多时候，我们人生的困厄与痛苦，其实都源自于内心的贪欲，只有懂得控制贪欲，我们才能冲破困厄，获得生命真正的自由。

在这一点上，季羡林先生为我们做了良好的典范。

态　度

季羡林先生学富五车，满腹经纶，著作等身，精通12国语言，是深受众人敬仰的大师。这不仅因为他在学术上的非凡成就，还因为他具有崇高的人品，尤其是他不图虚名，三辞“国学大师”“学界泰斗”“国宝”这三顶多少人梦寐以求的光荣桂冠，始终能够踏踏实实做学问，这在社会各界已传为美谈。

对于众人给予的三顶桂冠，季羡林先生的感觉是“浑身起鸡皮疙瘩”。对此，他在《病榻杂记》中力辞这三顶“桂冠”：“环顾左右，朋友中国学基础胜于自己者大有人在。在这样的情况下，我竟独占‘国学大师’的尊号，岂不折杀老夫！我连‘国学小师’都不够，遑论‘大师’！”“我一生做教书匠，爬格子。在国外教书10年，在国内57年。说我一点成绩都没有，那也不符合实际情况。但是，滔滔者天下皆是也，偏偏把我“打”成泰斗，我这个泰斗又从哪里讲起呢？”“在一次会议上，北京市的一位领导突然称我为‘国宝’，我极为惊愕，大惑不解。是不是因为中国只有一个季羡林，所以他就成为‘宝’。但是，中国的赵一钱二孙三李四等等也都只有一个，难道中国能有13亿‘国宝’吗？”“为此，我在这里昭告天下：请从我头顶上把这三个桂冠摘下来。”

“三顶桂冠一摘，还了我一个自由自在身。身上的泡沫洗掉了，露出了真面目，皆大欢喜。”……季羡林先生如是说，“学术是老老实实的东西，不能掺半点假，沽名钓誉。通过个人努力或集体努力，老老实实地做学问，得出的结果必然是实事求是的。这样做，才算是有学术良心。”

季羡林先生不为名利所累，不为浮华所惑，坚守人格操守，把当之无愧的“国学大师”“学界泰斗”和“国宝”三顶帽子统统甩掉，只为“一个自由自在身”，表现了其不慕虚名的风骨，此等才高品亦高的言行风范，不能不令人“高山仰止，景行行止，虽不能至，然心向往之”。

事实上，个人的名声和成绩是否能够泽被后世，绝对不是仅靠自吹自擂、强拉硬扯就能行得通的。真正取得过显赫成就却又视名声和荣誉为浮云的人，才会活得真实、活得自在，才会更加受世人称道。那些心怀大气的人都是这样做的，无论外界有多少诱惑，他们都会固守自己的人生原则，保持清醒的心智，不过分追求个人名誉，不为浮名遮望眼，忍名舍誉去贪欲，办实事、求实绩。

第二次世界大战期间，美军与日军在依洛吉岛展开了激战，最后将日军打败，把胜利的旗帜插在了岛上的主峰，心情激动的陆战队员们在欢呼声中把那面胜利的旗帜撕成碎片分给大家，以作终生的纪念。

无疑，这是一个非常有意义的场面，后来赶来的记者打算把这一场面纪录下来，就临时找来六名战士重新演出这一幕，其中有一个战士叫海斯，是一个在战斗中表现一般的人，可是由于这张照片的作用他成了英雄，在国内得到一个又一个的荣誉，他的形象印在邮票、香皂等物品上，家乡也为他塑了雕像。

这时，海斯的心是极为矛盾的：他一方面陶醉在周围众多的赞扬声中，一方面又怕真相被揭露，始终生活在名不符实的内疚、自愧之中。在这样的心理状态下，他每天只好用酒来麻醉自己，最终以死亡祭奠了对他充满赞歌的人世。

美名，美则美矣！只是对于还有一点正义感，有一点良知的人，面对不该属于他的美名，受之可以，坦然却未必办得到！虽然得到的是美名，却也是一座沉重的大山，一条捆缚自己的锁链，早晚会被压垮，压得喘不上气来。

君子求善名，走善道，行善事。小人求虚名，弃君子之道，做小人勾当。还是苏东坡先生说得好：“苟非吾之所有，虽一毫而莫取。”是人生价值实现的重要标志，但应该做到取之有道、名副其实。

人都是有欲望的，追求名利并不是什么过错，重要的是不要让自己的眼睛死死盯住名利不放。欲望促使人进步，但若是人沦为了欲望的奴隶，那么最终只会让自己陷入无尽的困厄，失去内心的自由与平静。

人生中最愚蠢的买卖：舍义取利

古语有云："天下熙熙，皆为利来；天下攘攘，皆为利往。"钱财名利，无论在哪一个时代，对于人们来说都是非常重要的。不管你想做什么，物质都是生活必需的基础，拥有的钱财、名利越多，你的资本就越雄厚，做事成功的几率也就越大。

即便无数清高之士将钱财称作俗物，将名利看作粪土，但也不可否认，它们确实与我们生活的方方面面都息息相关，可即使如此，人也不能钻到钱眼儿里去，要知道，钱财名利固然重要，但在这个世界上，还有比钱财名利更重要的东西，那就是大义。当利与义摆在我们面前的时候，正确的做法是舍利取义。正所谓"富贵不能淫、贫贱不能移"，这是君子存于世的立身之本，更是一个人道德骨气的底线。

君子爱财取之有道，每个人都有追求财富的权利。赚钱是可以的，致富也应当，但若是钱迷心窍，见利忘义，用不正当的手段去赚钱，走歪门邪道去致富，甚至不惜出卖自己的道德与良心，那么，终有一天会陷入罪恶的泥淖，甚至把自己的一生都赔进去。

人这一辈子最愚蠢的买卖莫过于舍义取利。很多人以为，利与义是一对矛盾体，二者不可兼得。诚然，在某些时候，为了成全大义，我们就必须牺牲自己的小利，相应的，若是舍不得自己的小利，那么自然就只能抛弃大义了。可实际上，利与义之间的关系从来都是不能割舍的，老祖宗就曾告诫过我们“多行不义必自毙”。背弃大义的利，哪怕能让人占到一时的便宜，也是不可能长久的。

人生的目的不是获取最大化的利益，而是维护正义和尊严。中国历史上就有许多的仁义之士轻利重义，为了坚守心中的正义与良知，果断地弃利取义。“人活一口气，树活一张皮”，这就是在告诫我们，做人要有骨气，保持善良纯真的本性，不为利益浮华所诱惑，不轻易放弃自己做人做事的原则。

关羽是《三国演义》中最具魅力的角色之一，在书中，作者花了很大的篇幅来介绍关羽重义轻利的义举，而这也正是关羽这个角色能够如此深入人心的关键所在。

东汉末年，汉室倾颓，董卓篡权，天下大乱，豪杰并起。自小家境贫寒的关羽投奔到刘备麾下，之后与刘备、张飞在桃园三结义，许下了同生共死的誓言，由此关羽开始为刘备赴汤蹈火，屡立战功。

当关羽与刘备、张飞在曹操的追剿下被冲散之后，为了保护刘备的夫人，他在曹操部将张辽的游说下暂时投降，但“身在曹营心在汉”。曹操为了收买关羽的人心，用尽各种办法，相继给关羽送来美人、黄金、战袍、赤兔马，又封了关羽一个“汉寿亭侯”的职位。

尽管这些物质利益很诱人，但始终未能改变关羽对刘备的忠义，他坚持“若知皇叔下落，虽赴汤蹈火，必往从之。”当打听到刘备的下落之后，关羽毅然封金挂印，过五关斩六将，克服了重重困难险阻，护送嫂子回到刘备身边，兄弟相聚，真可谓忠义关云长啊，令人肃然起敬、为之动容。

孟子曰：“生，亦我所欲也；义，亦我所欲也；二者不可兼得，舍生而取义者也”；荀子曰：“义中之利，君子所贵也。先义后利者荣，先利后义者辱。”在利与义之间，舍利取义才是唯一正确的抉择。

徐鑫是一家IT公司的技术骨干，由于公司准备改变发展方向，他觉得公司不再适合自己的目标，准备换一份工作。以自己在行业上的影响力以及自身的能力，徐鑫决定去本市最大的一家IT公司应聘。

该公司负责面试的经理对徐鑫的资历和能力很满意，却提了一个让徐鑫大为吃惊的条件：“我听说你原来的公司正在研究一种新软件，听说你也参与了这项技术的研发，如果你能把研究的进展情况和取得的成果告诉我们，明天你就可以来上班，而且你的工资将会是原来的两倍……”

尽管对这家公司的影响力和实力都很满意，但徐鑫保持住了理智清醒的头脑，对于为了个人利益而出卖公司的行为是万万不可的，于是他态度坚决地说：“我不能答应你的要求，尽管我已经离开原来的公司了，但我绝不会因求取一份工作，而做出卖公司的事情。”

徐鑫以为自己不可能得到这份工作了，但就在当天晚上，那位经理打来了电话，他诚恳地说：“你被录取了，并且是做我的助手，不仅是因为你的能力，更因为你舍利取义的优秀品质，你是好样的！”

当公司利益与个人利益发生冲突时，徐鑫没有为了自身利益，而泄露原来公司的机密，这种做法正是舍利取义，也只有这样的人才能真正得到别人的信任和敬佩。所以最后，徐鑫获得了面试官的认可，也得到了自己理想中的工作。

人们总是把金钱称作万恶之源，但其实，真正可怕的从来不是金钱或名利，而是人内心的贪欲。当面对金钱和名利诱惑的时候，如果我们无法做到理智清醒，坚守自己的底线，就容易为其所困，甚至一生都要被它所左右。正如哲学家所说的那样：“他并没有得到财富，而是财富占有了他。”

生活在这个物欲横流的时代，要想保持心灵的纯净与自由，我们就必须懂得以节义贞操为重，不为利益浮华而变，不为贪图财富而不择手段，不为个人利益出卖道义，如此我们才能始终昂首挺胸地面对生活，获得人生更大的成就！

给别人面子，其实是给自己退路

自古以来，中国就有“打人不打脸，揭人不揭短”的说法，不管对方是大人物还是小人物，尊重对方，给人面子，既可以维护人际关系，避免不必要的麻烦；又能给自己留一条后路，结一段善缘。这样就会让许多难处的关系变得容易，让许多难办的事情变得顺利，一举多得，何乐而不为？

先来看一个著名的历史故事：

明代开国皇帝朱元璋出身贫寒。朱元璋推翻元朝做了皇帝后，昔日家乡的一些好友纷纷来京，他们以为朱元璋会念在昔日一起长大、同甘苦共患难的情分上给他们封个一官半职，享尽荣华富贵。谁知，朱元璋最忌讳的是别人揭他的老底，认为那样有损自己的威信，因此大多数人都不见。

有一天，两个穷哥们儿经过几番波折之后终于见到朱元璋。

其中一人见到朱元璋高兴极了，他生怕朱元璋忘了自己，指手画脚地在金殿上说道："朱老四，你看你现在做了皇帝多威风啊！还记得以前的事情吗？那时候我们都给人家放牛，有一次我们在芦苇荡里，把偷来的豆子放在瓦罐里煮着吃，还没等煮熟你就抢着吃，结果把瓦罐都打烂了，豆子撒了，汤也泼了。你只顾从地上抢着抓豆子吃，却不小心连红草叶子也送进嘴去，哽在喉咙里，差点没把你噎死，最后还是我叫你把青菜叶子放进嘴里，才把那根红草叶子下肚子里去的……"还没等这个人说完，火冒三丈的朱元璋就连声大叫："哪来的疯子在这里胡说八道，赶紧推出去砍了！推出去砍了！"

杀完一个人之后，朱元璋满脸杀气地盯着另外一个穷哥们儿，问他有什么要说的。这个人知道朱元璋从小就是一个爱面子的人，于是大礼下拜，高呼万岁，说："当年微臣随驾扫荡芦州府，打破罐州城，汤元帅在逃，拿住豆将军，红孩子当兵，多亏菜将军。"朱元璋一听，见他虽然说的也是这一件事情，但是说得好听，保全了自己的颜面，于是转怒为喜，立刻封他做了一个大官。

两个穷哥们儿，明明说的是同一件事情，得到的结果却天差地别。这是因为前者措辞不当，直接揭了朱元璋的底，让朱元璋觉得很丢面子，于是惹来杀身之祸；而后一位知道朱元璋的心思——好面子，因此他说话巧妙，既维护了朱元璋的尊严，又恰到好处地点明过去一起玩闹的事情，勾起朱元璋的回忆，最后被封为大官。

其实跟朱元璋一样，每个人都希望在别人面前表现出自己好的一面，如果谁不小心揭了他的短，戳了他的痛处，无疑就像被当面扇耳光，肯定不会善罢甘休。因此，在与人交往时，我们千万别忘了给别人留面子。

很多时候，你给别人留面子，实际上就是在为自己留后路。在生活中，那些拥有好人缘的人，无论说话做事都会尽可能地维护别人的面子，也正因为如此，他们才能赢得别人的好感，提高自己在他人心目中的地位，从而树立良好的人际关系。比如19世纪的英国首相本杰明·狄斯雷利就给我们树立了良好的榜样。

有一段时间，一个野心勃勃的军官一再请求狄斯雷利加封他为男爵。狄斯雷利知道此人才能超群，也很想跟他搞好关系，但由于该军官未达到加封条件，于是对工作负责的狄斯雷利无法满足他的要求，这令该军官觉得很没面子。

一次，这名军官又提出了加封男爵的要求，狄斯雷利知道自己若再次拒绝他很可能会树立一个敌人，于是便将该军官单独请到办公室，放低声音说道："亲爱的朋友，很抱歉我不能给你男爵的封号，但我会告诉所有人，我曾多次请你接受男爵的封号，但都被你拒绝了，好吗？"

这个消息一传出，众人都称赞这名军官谦虚无私，淡泊名利，对他的礼遇和尊敬远超任何一位男爵。军官不再强求迪斯雷利给封爵，并且由衷地感激狄斯雷利，并且成了狄斯雷利最忠实的伙伴和军事后盾。

在人际交往中，面子是一件极其重要的事情，甚至有种说法认为人最看重的不是钱财，不是名誉，也不是权位，而是面子。"面子"是什么东西呢？说白了这就是尊严。谁都希望自己在别人面前有尊严，被人重视，被人尊重。

所以，如果你是个只顾自己面子，却不考虑别人面子的人，小则可能与他人翻脸，大则甚至可能闹出一些人命；如果你能时刻想着给别人留点面子，那么你必定是个受欢迎的人。谦和为人的高明之处就在于关键时候照顾别人的面子。

成功学大师卡耐基所提出的沟通三原则中，其中一条原则就是：给人面子。他说："挑剔别人的错误，不但不会让他知道自己错了，反而会使他产生逆反心理，做不利于你的事情；相反，让别人保住面子，对方才会在心里感激你，对你有求必应。"

正所谓"打人不打脸，揭人不揭短"。人与人的交往其实就像照镜子，你用什么样的态度去对待别人，别人就会以什么样的态度回敬你。所以，与人交往要学会以和为贵，不管处于怎样的地位，有多大的权利和金钱，也一定要懂得善待他人，谦和地予人一分面子。凡事给人留面子，自己才更有面子。保住别人的面子，便是保住了自己的退路，这便是操作人情账户的全部精义所在。

既然事情已经发生，那就坦然接受吧

在荷兰的阿姆斯特丹有一座十五世纪的教堂遗迹，里面有这样一句让人过目不忘的题词：“事必如此，别无选择。”

无独有偶，曾经有一位得道高僧也说过类似这样处理问题的十二字箴言：“面对它，接受它，处理它，放下它。”

可见，当我们在生活中遇到无法改变的事情时，最好的办法就是接受它，然后超脱地重新开始。毕竟已经打翻了的牛奶，不管再怎么难受，也不可能再将它还原，既然如此，又何必再浪费自己的时间和精力去痛苦挣扎呢?

试想一下，当我们在刷盘子的时候，不小心打破了一个盘子，是站在那里又叫又喊、懊恼不已好呢，还是一笑置之，心平气和地接受这样的事实好？打破了盘子固然不是什么令人开心的事，但问题是，盘子都已经碎了，哪怕我们再后悔、再痛苦，也是无法挽回的，我们唯一可以做的，就是引以为戒，小心谨慎，尽量避免下一个盘子被打破。

正所谓“开弓没有回头箭，人生能有几回搏”，如果总是一味纠缠于过去的错误，那么我们还将错过更为宝贵的当下以及未来。那些过去的既然已经过去，那就是过去式了，它不代表现在，更不能代表未来，是已经无法挽回，并且再也找不回来的东西。当境况大为不同时，心中若还对以往念念不忘，便只会造成刻舟求剑和守株待兔的悲剧。所以，豁达一些，既然事情已经发生，那便坦然地接受它、面对它，然后做出更好的抉择。

甘地被誉为印度的“圣雄”和“国父”。一天，他坐火车时，不小心把自己穿着的一只鞋子掉在铁轨上了，此时，火车已经轰隆隆地启动了，他已不可能下车去捡那只鞋子。旁边的人看到甘地没了一只鞋子，都为他可惜。

忽然，甘地弯下身子，把另一只鞋子脱下来，扔出了窗外。身边的一位乘客看到他这个奇怪的举动，就问：“先生，你为什么要这样做呢？”

甘地笑了笑，慈祥地说：“这样的话，捡到鞋子的穷人就有一双完好的鞋子穿了。”

假如那个丢了鞋子的人是你，你又会有怎样的表现呢？会把另外一只鞋子扔出去吗？很多人大概都不会这样做吧，可能会懊恼、后悔，会张口大骂，抱怨不已。然而，即便骂得再激烈，悔得再厉害又能怎么样呢？事情已经发生，那便无法挽回。甘地正是明白这一点，所以才豁达而坦然地做出了最好的选择——既然已经无法挽回自己的损失，那便尽可能地让别人从中得到好处吧！

一位非常成功的演讲大师曾在演讲时分享过这样一个故事：

那是他刚辞职开始创业的时候，他利用自己以往积累的人脉开办了一个成年人教育班，并且很快就陆续在各大城市都开设了分部。但由于缺乏经验又疏于财务管理，在投入很多资金用于广告宣传、租房以及日常的各种开销之后，他发现虽然这种成人教育班的社会反响很好，但自己一连数月的辛苦劳动竟没有挣到什么钱。

这让他非常苦恼，他不断地回想自己在这段时间里犯下的错误，不断地懊悔自己做下的每一个决定，然后不断地想着如果时间能倒流他该怎样弥补自己的错误。这种状态维持了很长一段时间，以致于他整日闷闷不乐，神情恍惚，甚至无法进行刚刚开始的事业。

一个偶然的机会下，他重遇了中学时代曾教导过他的一位老师，便将自己心中的苦闷与纠结向这位老师倾诉了，希望能获得一些心灵上的帮助。

在听完他的倾诉之后，老师意味深长地对他说了这样一番话："当你手中的牛奶被打翻之后，你觉得应该怎么办呢？是看着被打翻的牛奶哭泣，还是去做点别的？要知道，被打翻的牛奶已是事实，没有可能再重新装回瓶子里，而我们唯一能做的就是吸取教训，然后忘掉这些不愉快。"

老师的话如醍醐灌顶，使他的苦恼顿时消失，精神也为之振奋。后来，他重整旗鼓，吸取之前失败的经验教训，最终将自己的教育班办得有声有色，而他自己也成为了当地最杰出的企业家之一。

当说起这段经历的时候，他感叹道："因为我一直拒不接受我遇到的一种不可改变的情况，所以导致自己像个蠢蛋一样，不断做无谓的反抗，结果带来的却只是一个个无眠的夜晚。那时我把自己整得可真惨，所幸在老师的点拨下，我终于接受了那些无法改变的事实，并重新投入到热爱的事业中去。”

上帝从来不会吝惜眼泪！面对那些已经发生的事情，已经成为事实的错误，我们唯一能做的就是：忘记过失，接受现实，做好下一件事，因为除此之外，我们别无选择！

诚然，每个人都是有感情有情绪的，面对生活中那些令人无法接受的事情时，每个人都会感到难受和痛苦，会懊恼和抱怨——工作出现失误了、东西被偷了、排水管塞住了……然而，再多的抱怨、愤怒、唠叨、自怨自艾，都是于事无补的，不会让事情有所不同，有时甚至可能使事情更糟！

试想一下，当你在上街时不小心丢了一把雨伞，因为这事，你一路上都十分懊恼，还不停地责怪自己：“我怎么如此的不小心，如果我多留点心的话，或许雨伞就不会丢了……”

结果，因为太专注已经丢失的那把雨伞，在仓促与不安中，你一不小心把自己的钱包也弄丢了，于是你只能后悔地哀叹：“唉，如果我那会不那么关注雨伞的话……”

你瞧，你的仓促不安，懊恼抱怨，并未能帮你找回失去的雨伞，反而让你把钱包也弄丢了。可想而知，如果你再继续沉浸在丢失钱包的痛苦中，那么你将会失去更多的东西。所以，既然事情已经发生，那便坦然接受吧，及时进行自我调整，只有我们能心平气和地接受现实，好好地把握现在，才能积极地为将来做好准备。正如美国哲学家詹姆士说：“接受无法更改的事实，是克服不幸、改变未来的第一步。”

总之，人生中许多经历，都是我们无法逃避，也无从选择的。当发现情势已不能挽回时，最好不要再思前想后，要学会接受不可避免的事实，积极地进行自我调整，进而在人生的道路上掌握好平衡。

辑二

壮胆：你混得不行，是因为你总爱说“不行”

“我不行”，这句话俨然已经成为弱者给自己寻找的借口。你是否说过这样的话？或者你觉得自己不是弱者，只是觉得真的不行？

很多时候不行，说的不是能力，不是阅历，甚至不是结果，而是态度。不少人因为担心失败，因为害怕丢脸，因为懒得去做，在尝试之前就张开了退堂鼓，那么这样的人又什么时候能行呢？如果你觉得不行那就不去尝试，很多事情你就真的永远不行了。

你不是不行，是内心太“巨婴”

在这个世界上，没有任何一件事是“可能”的，也没有任何一件事是“不可能”的，事情一开始谁都不知道结果怎样，只有敢于尝试，敢于向所谓的“不可能”挑战，我们才能真正看到事情的结局。很多时候，你之所以失败，不是因为你不行，而是你的内心太“巨婴”，还不曾开始，就已经畏惧，给自己打上了“不可能”的标签。

爱默生曾说：“相信自己‘能’，便攻无不克。”正是这种在困难面前毫不退缩的大气，使他攻克了诸多知识难题，终成“美国的孔子”“美国文明之父”；拿破仑讲：“在我的字典里，没有‘不可能’这个词。”正是这藐视一切磨难的话激励他南征北战，横扫欧洲大陆，成为法兰西第一帝国皇帝。

在遇到困难的时候，如果一个人潜意识中总认为自己不行，那么他的内心必然会被消极的暗示所占据，即便具备潜力，也会因为不自信而无法引爆潜能。就像有的人，本来聪颖杰出，但却始终找不到自己发展的道路，最后渐渐滑向平庸与无味的轨道，这或许就是走入了“把可能变为不可能”的怪圈吧。

所以，想要成功，我们首先要懂得摆正自己的态度，让自己的内心成长起来，能够直面人生道路上未知的风险，而不是一直将自己的内心圈在狭小的天地，成为脆弱又胆小的“巨婴”。

1952年7月4日清晨，美国妇女费罗伦丝·查德威克从卡塔弗纳岛涉水下到太平洋中，开始向加州海岸游过去，要是今天成功了，她就是第一个横渡这个海峡的妇女。在此之前，她是从英法两边海岸游过英吉利海峡的第一位妇女。

那天早晨，加利福尼亚海岸笼罩在浓雾中，海水冰凉刺骨，费罗伦丝被冻得全身发麻。千千万万的人在电视上看着，她在汪洋大海中不停地向前游着，有几次鲨鱼靠近了她，被工作人员开枪吓跑了。

时间一个钟头一个钟头过去了，费罗伦丝除了浓雾什么也看不见，她感觉自己累极了，不可能顺利游过海峡，便向护送船只求救。她的母亲和教练在另一条船上，他们都告诉她离海岸很近了，叫她不要放弃，但她说自己不能再游了。

十分钟之后——从出发算起15个钟头零55分钟之后，人们把费罗伦丝拉上船。可实际上，她被拉上来的地点离加州海岸只有半英里！费罗伦丝不无遗憾地说：“说实话，如果当时我看见陆地，我一定可以游完。”

从这个故事，可以看出：真正妨碍费罗伦丝·查德威克取得成功的，并不是海上的大雾，而是她被眼前的大雾挡住视线后，心灵陷入迷惑，这让她错误地以为自己“不可能”游过海峡，结果她也就真的不行了。

回顾一下，在生活中，你是否曾说过类似这样的话：

“我学历太低了，怎么可能有高收入呢？”

“我能力有限，不可能胜任那份工作的！”

“我期盼成功，但成功多难啊，我绝不可能成功！”

……

在面对困难与障碍的时候，若我们习惯将“绝不可能”当做一个“合理”的解释，那么，事情恐怕也就真的就“不可能”了。可我们都不是预言家，在没有开始的时候，又怎么能轻率地为这些事情下判决呢？要知道，很多所谓的“不可能”其实都不过是因为我们被眼前的困境蒙蔽了，结果自己先失去了斗志，从而错失了成功的一切可能。

而与之相反，有的人可能本来资质平平、默默无闻，但因为他们相信自己，相信只要努力，一切就都有“可能”，于是在不懈的努力与坚持中，迎着艰难险阻，最终却也能成为自己行业里叱咤风云的人物。可见，很多时候，所谓的“不可能”其实只是人们的一种想象，没有任何事是一开始就注定失败的，哪怕成功率极低的事情，也有很小的概率会爆发出“奇迹”。

他是一名澳大利亚残疾人，出生时只有可乐罐那么大，而且天生严重残疾，脊椎下部没有发育，医生断言他不可能活过24小时，建议他父亲准备后事，但是他却坚强地活了一周、一个月、一年、十年……17岁时，他不得已地做了腿部的切除手术，成了靠双手行走的“半”个人。

他的人生是充满痛苦和耻辱的，上学时周围不少小孩儿骂他是“怪物”，更有一些同学恶作剧地在他的课桌周围撒满图钉。有一次，他甚至被一群同班学生绑起来扔进点燃了的垃圾桶里差点送命。中学毕业后他决定给自己找个工作，但是看到爬在滑板上的“半个人”时，那些店主都拒绝了他。

这样的人生算是相当坎坷的了，似乎他的生命已经注定是场悲剧。然而，他却勇敢而快乐地生活着，不仅能够自食其力，而且取得了一系列让正常人惊叹的成就：1994年，夺得澳大利亚残疾网球冠军；2000年，拿到澳大利亚体育机构的奖学金，并在全国健康举重比赛中排名第二；2000年，获得板球、橄榄球二级教练证书、考取了驾照。后来，他先后到过一百九十个国家进行演讲。

他的名字叫约翰·库缇斯，享誉世界的国际残疾人激励大师。

他天生严重残疾，但他挑战死亡；他从小受尽歧视和折磨，却依然笑对人生；他只能依靠双手行走，他只能算半个人，却成为运动健将。为什么他能够将诸多的“绝不可能”变为“绝对可能”？对此，约翰解释道：“这个世界充满了伤痛和苦难。有人在烦恼，有人在哭泣。面对命运，任何苦难都必须勇敢面对，如果赢了，就赢了；如果输了，就输了。一切皆有可能，所以永远不要对自己说‘不可能’。”

因为不和自己说“不可能”，约翰·库缇斯多了一份“我能够成功”的底气。面对生活赋予他的一切，甜也好苦也好，悲也好喜也好，痛也好乐也好，他都有勇气去承受，不畏惧困难，敢于尝试，敢于向不可能挑战，最终成就了自己，赢得了尊重。拥有这样积极而勇敢的人生态度，哪怕一辈子默默无闻，也值得人们发自内心的敬佩与尊重！

世界上本就没有什么依仗魔力便能轻易获得成功的人，谁也不是天生就是伟大杰出的人物。开始时，其实人们是在同一条起跑线上，只有那些成功的人总是心怀希望，在“不可能”面前不甘沉沦，不会退缩，并主动展现自己的能力，最终将“绝不可能”变成了“绝对可能”，从而让自己收获更加绚烂与辉煌的人生。

所以，不要惧怕未知的风险，不要在困难面前胆怯退缩，拿出你的胆子，从心智中把“绝不可能”这个观念铲除掉，用光明灿烂的“可能”来代替它。这种方法看似有些自欺欺人，实则是能真正有效唤起你心中大决心的方法。渐渐地，你会发现，“绝不可能”少了，“绝对可能”多了。逆境时不甘沉沦，苦难时不会退缩，拥有这样的心境与态度，何愁成功不会光顾？

你的失败，
源于放弃信念的那一刻

在生活中，影响我们人生走向的绝不是对什么感兴趣，而是持有什么样的信念。信念，是蕴藏在心中的一团永不熄灭的火焰。树立并坚定了信念，不仅不会让雨打风吹蒙上我们的双眼、俘虏我们的心灵，而且还会给我们以无穷无尽的力量、克难奋进的决心和持久的行动力，直至将成功收入囊中。

人生的道路是很漫长的，总会有风云四起之时，总会出现出乎意料之事。这时候，如果我们不能坚守内心的信念，就容易东一锤子西一棒子，就只能在人生的旅途上不断徘徊，永远到不了任何地方。正如俄国文学家列宾所说："没有原则的人是无用的人，没有信念的人是空虚的废物。"

曾看过这样一则故事：

在茫茫无垠的沙漠中，甲乙两个旅行者结伴穿越沙漠，他们没有水了，甲开始觉得四肢乏力，几乎都走不动了。这时，乙递给甲一支手枪，说：“你每隔两小时鸣放一枪，我找到水后枪声会指引我与你会合。”说完，便步履维艰地找水去了。

茫茫的沙漠里空无一人，甲只能听到自己的心跳声。这样的安静实在是可怕，他不禁开始胡思乱想起来：“乙能找到水吗？他会不会走到半路就倒下了；他什么时候能回来，就算他能回来，我能坚持到那时候吗？……”这样想着的时候，甲感到绝望极了，甚至忘记了乙临走前嘱咐的话。

夜幕降临的时候，乙还没有回来，甲彻底绝望了，他再也无法忍受内心对未知的煎熬，对死亡的恐惧，于是用手枪了结了自己的性命。枪响后不久，乙就提着满壶的清水蹒跚地赶了过来……

故事中的甲是被沙漠的恶劣气候所吞没的吗？是被同伴置之不顾了吗？不是！他是被自己打败的。在茫茫无垠的沙漠中，他胆怯了，退缩了，因此在困境中迷失了生存的信念。当他认为自己即便坚持下去也仍然看不到希望时，当他自己甘心放弃了求生的欲望时，悲剧自然也就上演了。

想要成功就得学会坚守信念，这是每个人都明白的道理，但知易行难，真正做得到的人却并不多。这是因为，信念有时徘徊于坚持与动摇之中，彷徨于前进与退缩之中，有时甚至会出现坚持比放弃还难的无奈。

在人生的旅途中，我们常常会遭遇各种坎坷和失意，就像行走在茫茫无际的荒漠里。这时候，只要心中铭记自己的目标，并且坚持不懈地去实践它，就一定会看到希望、迎来曙光。哪怕有再多的艰难险阻，哪怕自身的力量再薄弱，只要不放弃希望，不放弃对信念的坚持，我们就依旧有冲破重重障碍，努力实践心中梦想的可能。不抛弃、不放弃，人生就永远拥有希望，生命就没有穿不过的风雨、涉不过的险途。

看了1990年地球日的展览后，美国12岁的小姑娘劳拉·贝丝·摩尔意识到在她居住的城市——休斯敦，没有任何的垃圾回收系统，她决定要改变这种现状。她想垃圾不回收，就是在破坏着美丽的家园。她给市政厅打电话询问能否为本市提供垃圾回收系统，但是接电话的人认为劳拉还是个未成年的孩子，根本不把她的想法放在心上；她写信给市长，但寄出去的信却石沉大海；后来她准备了一封有数百人签名的请愿书寄给了市政厅，“市长不在乎我的想法”，劳拉回忆说，“他把我看成是个孩子。”

但是，劳拉坚信回收垃圾是一件正确的事情，“做任何事都不那么容易，你必须努力争取。我的想法即使得不到任何人的支持，我的尝试即便一直在碰壁，我都要相信我能改变这一切。”因为这种坚定不移的信念，劳拉没有气馁，而是选择坚持。她开始给一些大的回收公司打电话，希望他们能给予帮助或建议，但这些公司也没有把这个12岁的孩子当一回事。面对每一次拒绝，劳拉都告诉自己，那只是前进途中的一步，打一次电话，少一个支持的人，但我要做的就是一直打下去，直到找到愿意帮助我的人。

暑假里，当同学们去看电影或是约会时，劳拉都在找有关垃圾回收的信息和可以提供支持的公司和机构；当其他的女孩在商业街闲逛时，劳拉正在游说她的邻居们以寻求支持。后来，一家组织机构同意了劳拉的计划并向她提供支持，但还有一个麻烦，就是需要一个能让邻居放置垃圾的地方。劳拉认为当地的学校是一个非常理想的场所，开始校长不愿意接她的电话，劳拉坚持给他打电话，几个月之内，她打了无数次的电话，直到一些家长开始和她站在一起，最终使校长同意合作了。

1991年的春天，劳拉的垃圾回收系统正式运行了，当天就有数百名居民将可回收的垃圾交到了回收站。两年后，回收垃圾系统已经非常成功，成吨的垃圾原料再加工成为有用的产品。休斯敦的新市长看到了这种系统的实用性和有效性，他决定要将这种系统推广到本市的其他地区。当市长要求一些官员写出一个计划时，他们都不知道该去找谁来做这件事，这次是市政厅给劳拉打了电话。

劳拉·贝丝·摩尔小小的年龄，做事却如此坚定，胸怀又如此大气，能容得下巨大的困难，且有着不可动摇的毅力，单就这一点而言，不管她能不能成功，她的精神也是令人佩服的。然而，她最终还是成功了，这就是信念的力量。

信之愈深，念之愈远。漫天风沙中缓慢前行的骆驼，狂风大浪中飘摇起伏的渔船，是那么的微小，那么的飘摇，却又那么的坚韧，它们以无可争议的行动在沙漠中、在大海上树起了大气的旗帜。

人生当如此，壮着胆子前行，脚下便永远都有路；坚守信念不言弃，便永远不会失去希望。真正的失败不是倒下，而是源于放弃信念的那一刻。

任何事情，
都没有轻而易举的答案

人生从来就不是一件轻松的事，不管你想做成什么事，必然都要付出相应的汗水与努力，需要面对相应的坎坷与挫折，任何事情从来都没有轻而易举的答案。这是每个人在踏上奋斗之路，追逐成功之前都应该明白的道理。

纵览古今，但凡能有一番成就者，在他们的漫漫人生路上从来都不会是鲜花满地，反之，倒是荆棘更多一些：事业未成，先尝苦果；壮志未酬，先遭失败。而在这些艰难和不幸的日子里，他们却可以做到能伸能屈、宠辱不惊，成败坦然，进而化被动为主动，不断地前行、再前行，这也正是他们之所以能够取得成功的关键所在。

下面是一位美国人的“败绩”，看完之后，你是否会悟出点什么。

8岁时，被赶出居住的地方，他必须工作谋生；

21岁时，经商失败；

22岁时，角逐州议员落选；

24时，向朋友借钱经商再度失败，后来花了十七年时间才把债务还清；

26岁时，爱侣去世；

27岁时，精神崩溃，卧床6个月；

29岁时，参加国会大选失败；

36岁时，角逐联邦议员，再度失败；

40岁时，寻求众议员连任，失败；

41岁时，想担任州土地局局长被拒绝；

46岁时，竞选国会参议员，再度失败；

47岁时，争取副总统提名，落选；

49岁时，再度竞选国会参议员，再度失败。

这个一再失败的人，就是美国第16任总统林肯，他当选总统时已52岁。多少次的失败并没有击倒林肯，而是终于把他推向人生的高峰。假使没有遭遇过失败，他恐怕不能得到最终的胜利。对于有骨气、有作为的人，失败反而会增加他的决心与勇气。许多人的成功，就是受赐于先前的种种失败。

俗语说“失败是成功之母”，换言之，成功本就是包含着失败的，任何的失败都有其独特的价值。失败是一次次检视自我、锻炼自我、提高自我的机会，而我们也是在失败中一次次完成难得的自我蜕变的。你想要取得成功，就必须以失败为阶梯。所以，我们要感谢失败带给我们的宝贵经验，感谢失败带给我们的宝贵财富，而不是惧怕它，甚至逃避它。

态　度

遥想当年，楚汉相争，刘邦本是败多胜少，而项羽则胜多败少。然而，只一场惨败，垓下之围，却让力拔山兮气盖世的楚霸王直接放弃了希望，由于无法坦然面对这场失败，哪怕前路还有无数种可能，他也终究没有勇气再继续走下去，只引得后人喟叹一句：“江东子弟多才俊，卷土重来未可知？”

莎士比亚曾说过：“聪明人永远不会坐在那里，为他们的损失而哀叹，却情愿去寻找办法来弥补他们的损失。”任何成功都不是随随便便就能得到的，挫折与苦难不过是成功路上的“标准配备”，只有那些能够坦然面对失败，敢于迎难而上地去解决问题，迎接挑战的人，才有机会成为最后的赢家。

施利华是一名叱咤泰国商界的风云人物，他曾是一家股票公司的经理，后转而炒房地产，并把所有积蓄和银行贷款全都投入到了房地产生意，甚至在曼谷市郊盖了十几幢配有高尔夫球场的豪华别墅。

但是时运不济，1997年7月亚洲金融风暴席卷泰国，泰铢贬值。别墅卖不出去，贷款还不起，施利华只好眼睁睁地看着别墅被银行没收，自己的房子也被拿去抵押。除了一身债，施利华这个昔日的亿万富翁变得一无所有。

面对失败的打击，施利华没有沮丧或者抱怨，而是说了一句：“好哇！又可以从头再来了！”他从容地走进街头小贩的行列中沿街叫卖三明治。几年后，施利华的小本生意越做越好，实现了东山再起的梦想。1998年，泰国《民族报》评选“泰国十大杰出企业家”，结果，施利华名列榜首。

面对自己的成功，施利华解释道：“在人生的旅途中，如果你奋斗了、努力了、拼搏了，即便你依然屡遭挫折、连栽跟头，也不用抱怨命运的不公，而是要笑对失败。如果没有那次失败，我就没有机会享受从头做起的快乐，更没有时间享受和爱人一起吃苦的幸福，所以我得感谢这次失败。”

失败没什么大不了，不过是从头再来。能够这样想的人，心中总有一股强大的信念，必是心胸宽广、眼光高远、潇洒自信之人，他们会将暂时的失败忘记，从失败的痛苦阴影中走出来，为发展积蓄能量，为成功奠定基础。

通往成功的道路总是艰难的，但这却是每个人走向成功的必经之路。如果没有强大的心脏和坚定的信念去面对挫折，只是一味沉沦于失败的打击中一蹶不振，无法自拔，那么我们的未来就会永远笼罩在失败的心理阴影之下，不断重复失败的老路，甚至可能永远没有重新开始的机会。正如《圣经》里的一句箴言：“你若在失败之日胆怯，你的力量就要变得微不足道。”

所以，不论前方是痛苦还是失败，都坦然一些吧，理智地接受和承认现实，然后进一步分析原因：“这次我为什么会失败”“我应该如何做才能将失败的损失降到最低”“我能够从这次失败中学到什么”“下次遇到这样的事情我应该怎么做”……当你能够学会从每一次的失败中去汲取教训时，你距离成功的距离也就不会太远了。

生活注定不公，
但你可以给自己公平

当遭遇生活的不公平时，很多人因为无法适应，不甘心接受不公平的待遇，轻则可能心情沮丧，灰心丧气，重则可能整天怨天尤人、愤世嫉俗，甚至产生一定的报复心理。这些行为或许能够解一时之气，但一点实际用处也没有，丝毫改变不了目前的境遇，只是徒然增加自己的烦恼而已。

很多时候生活并不是公平的，上天眷顾的人永远只是少数，而我们却偏偏只是那大多数中的一部分。就像有人从小到大一帆风顺，老天似乎都是对他一路绿灯，但是有的人虽然也很努力很勤奋，却处处碰壁，更有甚者，叫天天不应，叫地地不灵，那种心情只有经历过的人才能够深刻体会。

在现实生活中，很多人可能都有过这样“倒霉”的经历：明明自己能力出众、智慧超群，却因为没有背景，或缺乏贵人相助等等原因，被分在基层工作。这种时候，哪怕心态再好的人，多多少少都会感到一些委屈，但若是因为这样，你就一直愤愤不平的敷衍工作，那么你还有心思做好事情吗？还会有升职的机会吗？恐怕不能，因为老板会认为你连最简单的事情都做不好，根本不会有责任和能力去做更高级的工作。

要知道，生活中没有绝对的公平，这是我们无法改变的现状，也是我们不得不接受的现实。当不公平出现的时候，愤怒、抱怨、惊慌失措等等情绪，都不会给我们带来任何帮助，所以，何不坦然接受，把它当做人生的必修之课去应对，当成必做之题去演算呢？无论生活是公平的还是不公平的，只要怀着必胜的信心勇敢地去面对，我们就能给自己一个公平。

在这方面，当代伟大的科学家斯蒂芬·威廉·霍金就是一个经典的楷模！

“我的手指还能活动；我的大脑还能思考；我有终生追求的理想；我有爱我和我爱着的亲人和朋友；我还有一颗感恩的心……”这段豁达而乐观的文字，正是出自霍金——一位在轮椅上生活了几十年的残疾人之口。

霍金并不是一生下来就坐轮椅，青年时代他是牛津大学公认的最有前途的明星学生，但在大三那年他突然出现了一种奇怪的症状——手脚逐渐变得不利索，甚至有时会无缘无故地跌倒。专家在为霍金做了各种医学测试之后，判定这是一种罕见的肌肉萎缩性侧索硬化症，即运动神经病，而且会继续恶化，但是对于治疗，专家也无能为力，这就意味着霍金要带着他虚弱无力的身体，在轮椅上度过余生。

祸不单行，1985年，也就是全身瘫痪数十年后，霍金再一次遭受灾难的打击。他感染了肺炎，医生不得不为他进行气管切开手术，也就是在脖子及气管上直接切口形成通气孔，这样一来，他就永远失去了说话的能力。

尽管生活对霍金如此不公平，夺走了他健康灵活的双腿，夺走了他与人正常交流的说话能力，留给了他无尽的病痛，但是，霍金并没有抱怨生活的不公，他说："生活是不公平的，不管境遇如何，你只能全力以赴！"霍金积极乐观地适应生活，不断地改造自我和不懈努力，如今他已经成为世界上最著名的物理学家，是英国皇家协会的特别会员，还获得了很多奖项和勋章。

命运对霍金非常不公平，在常人看来简直是苛刻得不能再苛刻了：他腿不能站，身不能动，口也不能说。可他并没有抱怨生活的不公，而是积极乐观地改变自己，最终他为自己争取到了公平，赢得了成功而精彩的人生！

在面对生活的不公平时，每个人因自己的修养、意志、胸怀、境界的不同，往往会呈现出不同的态度，做出不同的反应。正是由于种种的不同，造就了一个人和另一个人，一些人和另一些人的不同人生。换句话讲，一个人的生活未来和成长实现，主要取决的不是他如何面对公平，而是他在不公平的环境中有怎样的态度和表现。

李明来自安徽一个贫穷农村，专科毕业后为了谋生他来到上海一家大型企业做保安。最初，这个小保安感到很沮丧，因为在很多人心中保安是和"素质低下""没有文化"这些词关系密切的。曾有同学想给他介绍对象，对方女生“啊”地叫了一声，“什么？一个保安？”；连要求外来人员出示证件这种例行的工作，他也会碰钉子，“哎呀，你不就是个保安吗，还查什么证件呀”。

这些经历让李明深深感觉自己不被尊重，看着自己寒酸的衣装、老土的打扮，再看看那些衣着整洁、气质不凡的公司白领们，他一度眼红，并有些不服气地问：“命运为什么这么不公平？凭什么他们走进了这么好的公司，在干净优雅的办公室里办公，而我却要站在风里雨里站岗？难道我真的只能做站岗的工作吗？不行，我要努力缩小与这些人的差距，总有一天我也要成为一名白领！”

之后，李明利用所有的闲暇时间用来充实自己，他利用休息时间攻读英语、经济管理、社会心理等课程。由于什么都是从头学起，李明学得很拼命，就算是坐火车回老家时他也拿着书在看。有时，看到周围的队友业余时间在看电视、打篮球，他也心里痒痒的，但一想起别人说的“你不就是个保安吗”，他就会咬牙学下去。

就这样，“潜伏”了近三年，李明通过成人高考考上了上海师范学院的经管系，他一边工作，一边学习。通过几年的认真学习和实践锻炼，他的个人能力得到了提高，并以全班第一的优秀成绩毕业。一毕业，他就被一家大型企业录用了，月薪比保安工资翻了好几倍，他现在已经是一名真正的白领了。

出身贫困，没有学历、没有关系，李明面临了太多的不公平，但是他凭着勤奋与坚持，取得了令人瞩目的成功。这个事例，告诉我们一个道理：别总抱怨生活的不公，努力地反抗它，最终会赢取到公平和胜利。

既然不公的事实暂时难以改变，做人就不妨超然一点，豁达一些，不要在公与不公的问题上多做计较，放弃抱怨和愤怒，坦然地接受不公平的现实，并把不公平作为生活的挑战，及时做一些更有价值的事情，把力用在发展能量、提高自己上面，那么早晚有一天，生活会给我们公平的回报。

上帝从来不会偏袒任何一个人，他可能会给你一座高山，但高山过后，他也会送给你饱经风霜磨练后的坚强意志；他可能会给你一处暗礁，但暗礁之后，他也会送给你一些美丽的浪花。所以，不必为生活的不公而痛苦、烦扰，只要你有胆子去奋斗，你就一定能给自己一个公平。

付出未必就有收获，但命运自会给你回馈

在这个世界上，并非所有的付出都是能够赢得相应的收获，拿大自然来讲，同在一片蓝天下，同样滋润着雨露的甘甜，舔吸着阳光的乳汁。有的树已成林，郁郁葱葱，一片生机。有的则枯干弯曲，枝叶飘零——可太阳不能因为回报不等就不再付出阳光和能量。

再拿人类来讲，冒着生命的危险把我们带到世间，又用一生辛劳给我们疼爱、呵护与关怀的母亲，她可得到了我们全心全意的回报？农民脸朝黄土背朝天地耕作，日复一日，一旦遇到天灾，不是也会颗粒无收吗？

付出总有回报，这是每个人都希望得到的公平，但可惜事与愿违，现实生活中付出与回报往往都是不等式。有时候我们付出得很多，回报却可能很少，甚至没有回报。这样的经历多了，人心便容易失衡，深感委屈，埋怨不断，耿耿于怀。

比如，给亲朋好友帮了一个忙，没有得到对方的感谢或者馈赠；在工作上做出了贡献，却没有职务上的晋升和待遇上的奖励，不少人心里自然都会想："真倒霉，付出了却没得到好处，以后再遇到这种事我再不插手了……"

付出了，却得不到应有的回报，这其实是一种很正常的现象。那些真正聪明的人都懂得这一点，所以他们在得不到回报的时候，往往不是深感委屈、怨天尤人、牢骚满腹，而是选择一笑置之，超然待之，付出的时候更不会去奢求回报。而不求回报，正是付出之后的至高境界，因为不求回报，其实自有回报。

在一个又冷又黑的夜晚，一位老人的汽车在郊区的道路上抛锚了。他等了半个多小时，好不容易有一辆车经过，开车男子见此情况二话没说便下车帮忙，几分钟后车修好了，老人问多少钱，那位男子回答说："我这么做只是为了助人为乐。"但老人坚持要付些钱作为报酬，该男子谢绝了他的好意，并说："感谢您的深情厚谊，但我想还有更多的人比我更需要钱，您不妨把钱给那些比我更需要的人。"最后，他们各自上路了。

随后，老人来到一家咖啡馆，一位身怀六甲的女招待员即刻为他送上一杯热咖啡，并问："欢迎光临本店，您为什么这么晚还在赶路呢？"于是老人讲了刚才的事，女招待听后感慨道："这样的好人现在真难得，你真幸运碰到这样的好人。"老人问她怎么工作到这么晚，女招待说为了迎接孩子的出世而需要第二份工作的薪水。老人听后执意要女招待员收下200美元小费，说道："你比我更需要它。"

女招待员回到家，把这件事告诉了她的丈夫，她丈夫大感诧异，世界上竟有这么巧的事情，原来他就是那个好心的修车人。

这故事讲述了这样一个道理：种瓜得瓜，种豆得豆。我们在“播种”的同时，也种下了自己的将来。人生中的每一次付出不一定都会立即得到回报，而是会在将来的某一天、某一时间、某一地点，以某一方式在你最需要它的时候回报给你，这就是真正的回报，用经济是无法衡量的。

一位老人、一辆三轮车、一群孩子……每当这样的画面出现在人们的眼前，很多人都能想到一个名字——白芳礼。这个平凡的老人一生付出不求回报，以他不平凡的助学壮举，感动了每一个知道他的人。

1987年，已经74岁的白芳礼决定做一件大事，那就是靠自己蹬三轮的收入帮助贫困的孩子实现上学的梦想。这一蹬就是十多年，直到他将近90岁，共挣下 3 5 万元人民币。如果按每蹬1公里三轮车收5角钱计算，他相当于绕地球赤道18周。

这35万元人民币的血汗钱，白芳礼没有拿来自己享用或是留给儿女，而是捐给了天津的多所大学、中学和小学，先后资助了300多名贫困学生，而他的个人资产近乎为零，个人生活几近乞丐：一个馒头，一碗白水，一身破衣。而且，他从不求回报，许多得到他帮助的学生并不知道他的姓名。

在有些人看来，白芳礼太傻也太过了，毕竟他是一个有稳定退休金的老人，不在家安享晚年也就罢了，何必要过蹬三轮的生活，反过来又把自己的苦力钱全部捐出去呢？可白芳礼从来不在乎别人怎么说，他说："想想那些缺钱的孩子，我坐不住啊！我天天出车，24小时待客，一天总还能挣回二三十块。别小看这二三十块钱，可以供十来个苦孩子一天的饭钱呢！一想到这我就越蹬越有劲儿……"

2005年9月23日，93岁的白芳礼老人静静地走了，送殡当天，不少天津市民前来参加老人的告别仪式，很多人在灵车前放声痛哭，凭吊这位无私奉献的英雄。因为人太多，灵车用了近半个小时的时间才缓缓离去。

白芳礼，是真正的斗士，是真正的强者。他倾尽所能地把他的光和热洒向了众多需要帮助的学生身上，穷尽一生，不留余地，不求回报，这是一种骨子里的大气，不仅让学生们也让众多中国人获得了感动和成长。他用给予与付出使个人的美德得以滋润和茁壮，这便是对自己最真挚的回报。

上坡的时候，你帮吃力的拉车人助了一臂之力，点头笑笑算是告别，没必要硬等人家说声"谢谢"，得到的回报就是：人们望着你的背影、感人的口碑，即便多少年后回忆起你来都会由衷而生出感激；帮助别人解决了一个难题，能否换来感激或喝彩并不重要，重要的是锻炼了自己的能力，磨练了自己的意志，这就是回报……

付出与回报之间的关系不能简单地以回报率来计算，如果只是为了求得回报而付出，那么我们只会让自己失去更多。正如一句话所言："当你付出时不要老想着回报，因为付出不一定会有回报，而当你因得不到回报开始埋怨时，以前那些辛苦的付出便会变得毫无意义。"

付出应该是一种完全自愿和纯粹自然的行为，是不应该索取回报的。我们愿意对别人付出，不意味着别人和我们就是债务关系，没有任何人有义务非得去对另一个人付出什么，他们是否做出回报，完全取决于他们的自愿。他们愿意回报是情分，我们应该感恩；他们不帮助是本分，我们也不应该介怀。

所以，当付出没有得到回报的时候，不要急着委屈，豁达一些，宽容一点，提醒自己：不用回报又何妨。很多时候，其实只要你做到了，你会发现生活如此快乐，而且这种快乐是成倍递增的，是一种至高境界的快乐。

坦然面对缺陷，接受不完美的自己

欧洲曾在瑞士的洛桑举办过一次“最完美的女性”研讨会。与会者通过一致的逐一的鉴别后公布的结果是：最完美的女性应该是：有意大利人的头发，埃及人的眼睛，希腊人的鼻子，美国人的牙齿，泰国人的颈项，澳大利亚人的胸脯，瑞士人的手，斯堪的纳维亚人的大腿，中国人的脚，奥地利人的声音，日本人的笑容，英国人的皮肤，法国人的曲线，西班牙人的步态……具有这些还是不够的，完美的女性还应有德国女人的管家本领，美国女人的时髦装束，法国女人精湛的厨艺，中国女人醉心的温柔……然而，即使上帝重新造人，也不可能集这些优点于一人身上，因此，与会者达成的共同的结论是：真正完美的女人是根本不存在的。当然，男人也是一样。

我们不愿太胖，不愿太瘦，不愿变老；我们为自己的嗓音和口音焦虑，为自己鼻子太大或者秃顶焦虑……这到底是为什么呢？因为我们太轻信传言，认为假如没有一个完美无瑕的身体，我们就毫无价值。

这实在是一种错误的观念，事实上“金无足赤，人无完人”，世界上没有完美的人，若我们不能坦然接受自己身上的缺陷，缺陷就会成为阻碍我们自信的“绊脚石”，我们会因此自怨自怜、自暴自弃、悲观厌世，这样的人快乐会越来越少，忧郁会越来越重，面对生活的态度也会越来越消极。

出生时由于医生的疏失，一个小女孩儿脑部神经受到严重的伤害，自幼就患上了脑性麻痹症，以致颜面、四肢肌肉都失去了正常作用，她不能说话，嘴还向一边扭曲，口水也止不住地流下。父母不愿放弃，带着她四处求医，他们怒气冲天：我们究竟做了什么对不起孩子的事情呢？

后来通过观察，父母才明白这种看法错了。因为在小女孩儿看来，她天生就是这样。她并不把时间花在弄懂为什么她不能像别的孩子那样走路、做事上，而是乐天知命地生活着。众人的盯视、同龄人的好奇、比她小的孩子问她“你怎么啦？”“你为什么不会走路？”这一切她都不放在心上。她具有发自心底的精力、活力和热情，她所关心的不是自己不能做什么，而是自己还能做什么。

后来，小女孩儿喜欢上了画画，她花了大半天的时间才能握住笔，十四岁时她进入洛杉矶市立大学就读，之后转至洛杉矶加州州立大学艺术学院，如今已取得博士学位，成为一位著名的画家，在多地举办了自己的画展，她就是台湾人黄美廉。谈及自己的成功经验时，她如是总结：“我很可爱！我会画画、会写稿！我的腿很美很长……我只看我所有的，不看我所没有的……”

黄美廉的出名，是因为她是一个艺术家，而不是因为她是一个残缺者。她的成功故事向我们揭示了一个真理：接受残缺的自己，就有了坚定的自信心，也就有了战胜各种困难的能力。试想，如果黄美廉不能忘怀自己的缺陷，她很有可能自暴自弃，恐怕黄美廉这个名字就鲜为人知了吧！

你真的没必要因为自己比别人个子矮而自卑；也没必要为自己身材不够美而气愤不已；更不必因为自己某方面的缺憾而自怨自怜。不是有一句话这样说嘛：这个世界上所有的缺陷都是被上帝咬过一口的苹果。这样的比喻是何等的新奇而幽默，又是怎样的从容淡定、豁达乐观，人类历史上有太多的天才俊杰都“被上帝咬过一口”：失明的文学家弥尔顿，失聪的大音乐家贝多芬，不会说话的天才小提琴演奏家帕格尼尼……

所以，一个人身上有没有缺陷并不重要，重要的是自己敢于接受并正确面对这个事实，而且除了你自己没有人会刻意在乎你的缺陷。学着无视自己的缺陷，心平气和地接受自己，好好把握现在，才能找到自己的存在感，从而实现有价值、有理想的人生。

有位电车服务员的女儿，一直渴望成为明星。可惜，在外人看来，她并不具备成为明星的条件，她长了一张不美的大嘴，还有一口龅牙。当她第一次在夜总会里演唱时，她千方百计的想用她的上唇遮掩她的牙齿，期望观众不会注意她的暴牙而是能够专心听她的歌唱，结果适得其反，台下的观众看她滑稽的样子，不禁大笑起来，女孩红着脸走下了台。

现场的一位观众觉得她很有歌唱才华，他很率直的告诉她说：“刚才我一直在专心欣赏你的歌唱表演，我看得出来你想掩饰的是什么，你害怕别人注意到你的龅牙，对不对？”女孩听后，一脸尴尬。接着，他又说：“龅牙怎么了？没有人会在乎的，也许它还能够给你带来好运呢！”

听了这位观众的忠告，女孩打算此后不再掩饰自己的龅牙。每当她在唱歌的时候，她就尽情地把嘴巴张开，把所有的精力都置于歌声中。最后，她成为一位在电影及广播界享有盛名的双栖红星——凯茜·桃莉，甚至很多喜剧演员都来模仿她唱歌的模样。

可见，很多时候，令我们纠结不已的“缺陷”其实在别人眼中并没有那么可怕。有时，适当允许一些不足的存在，学会接受“不完美”的自己，反而更能让我们培养起一种超逸的生活态度，并让自己变得自信起来，让自己的价值给别人最强烈的震动！

世上从来就不存在完美，我们又何必因缺陷而感到自卑？哪怕是如天使般动人心弦的好莱坞影星奥黛丽·赫本，也同样拥有着不够完美的身材，平胸，清瘦，手足细长。但她所散发出来的气质，却让任何人都无法否认她简直是上帝最杰出的作品之一。这是因为，奥黛丽本人对于自己的外表没有太多苛刻，她说：“每个人都有缺点和优点，将优点发扬光大，其余的就不必理会。”

从现在开始，忘记自己身上这样那样的缺陷，接受“不完美”的自己吧！当你尽心尽力去做事，问心无愧地去努力时，你会发现，勇气与自信所能赋予你的魅力，远远比虚幻的“完美”要更真实。

适当允许一些自身的不足，忘记自己身上的缺陷，学会接受“不完美”的自己，以这样的态度去面对生活，你会发现，你所拥有的，其实已经足够美好。

只要真理在手，就要敢与争锋

真理掌握在少数人手中，卓越者开始时总是曲高和寡的，唯有平庸者才会成为众多的附和者。挑战权威的过程注定是一条艰难而长远的道路，你不仅要能忍受不被人理解的困扰，还要经历残酷的身心考验，就像凤凰必须在烈焰中诞生一样，只有内心足够强大坚韧的人才可以做到。而无论在哪一个领域，想要取得一定的成功，我们都必须要经历这样一段艰辛的旅程，唯有坚持真理，心胸坦荡，无所畏惧者，方能取得较量的最终胜利。

在日常工作和生活中，我们经常会遇到这样一种情景：两个人争论某个问题时，如果一方添加一些权威成分，则很容易“驳”得对方哑口无言，赞同自己的观点。而且，太多的人心安理得地享受着生活带给我们的秩序和固有的方式，可见权威对人们的影响力之大，操纵力之巨。

然而，权威并不等于真理，即便是多数人已经认可的道理，也不代表就一定是正确的。遗憾的是，一个人一旦养成了习惯的思维定势，迷信权威、墨守成规、循规蹈矩，很容易就会束缚住自己的心智，不能独立思考，不能明辨是非，因迷失自我而困顿，最后还会给人留下平庸无能、随波逐流的坏印象。这种时候，谁敢打破权威，谁能抓住真理，谁就能成为最后的胜利者。

古罗马时期有一位名望极高的“神医”盖仑，他曾提出血液在人体内像潮水一样流动之后，便消失在人体四周的理论。在一千多年的时间里，人们都把这种血液理论奉为真理，所有怀疑者都付出了惊人的代价。面对这种现实，英国科学家、医生威廉·哈维却没有盲从，也没有却步，而是毅然投入了挑战权威的战斗之中。

通过大量的动物解剖实验，哈维终于得出了结论：血液由心脏这个“泵”压出来，从动脉血管流出去，流向身体各处，然后再从静脉血管中流回去，回到心脏，这样就完成了血液的一次循环。在著作《心血运动论》中，哈维正式提出了这一血液循环的理论。从今天看，哈维的理论是正确的，但在当时他的理论有悖于权威，所以，此书一出版就遭到当时学术界、医学界、宗教界权威人士的攻击，说其是一派胡言，荒谬而不可信。

哈维并没有被众多的质疑声和批评声吓倒，为了有力地驳倒权威，让人们接受自己的观点，哈维开始在人身上反复地实验，并且提供了大量的证据，其中包括人的临床观察、尸体解剖，他还第一次把数学中的定量思想、逻辑分析和生理测试等引进生理学研究，从各个方面证实了自己的理论。

事实胜于雄辩，哈维的血液循环理论最终被确认了，他坚持真理，以自己的行动冲破了禁锢，挑战了权威，实践了真理。后来，哈维这样告诫人们：“无论是教解剖学的还是学解剖学的，都应当以实验为依据，而不应当以书籍为依据；都应当以自然为老师，而不应当以哲学为老师。”

站在真理的一边，蔑视神圣，挑战权威，是黑而决不会说白，是鹿决不会说是马，绝不向错误的权威低头，容不得半点污秽和虚伪，这是一种敢与不公争锋的骨气，也是一种光明磊落、胸怀坦荡的生活态度。

坚持真理可大可小，大到理论原则、小到芝麻小事，但真理在哪里？实践证明，真理在许多时候是掌握在少数人手里的，既然是少数，那么怎么说服多数，并且让多数掌握真理呢，不仅仅需要勇气，更重要的是胆识。

小泽征尔是当代最负盛名的指挥明星，成名前他去欧洲参加一次世界级的指挥家大赛，决赛时被安排在最后一个出场。小泽征尔按照评委会提供的乐谱指挥演奏时，发现有一些不和谐的地方。他开始认为是乐队演奏错了，就停下来重新演奏，但仍不如意。这时，在场的作曲家和评委会的权威人士都郑重其事地说明乐谱绝对没有问题，而最大的可能是小泽征尔的听觉产生了问题。

面对着一批音乐大师和权威人士，小泽征尔思索再三，突然大吼一声：“不，一定是乐谱错了！”语音刚落，令他惊讶的是：评委台上所有的人都立刻对他报以了热烈的掌声。原来，这是评委们精心设计的圈套。前面的选手们虽然也发现了乐谱的错误，但在遭到权威人士的“否定”后就不再坚持自己的意见，终因趋同权威而遭淘汰。小泽征尔则不然，因此他摘取了这次比赛的桂冠。

“不！一定是乐谱错了！”小泽征尔不迷信权威，而是挑战权威，坚持真理，这种精神令人震撼，这是一种自信的大气。它给了我们很大的启发：在任何情况下，都不应该盲目地服从权威，而要“吾爱吾师，吾更爱真理”。只要真理掌握在手中，就不要害怕前路孤独，而要敢于争峰。

要知道，人人生而平等，只要你站在真理的一边，就要挺起脊梁，敢于与天斗，与地斗，与人斗。不是每个人都能有逆流而上的机会，同样也不是每个人都能有逆流而上的勇气。成功从来不是一件容易的事，你不仅要有把握机会的果决与勇敢，还需要一点点的幸运，才能完成千军万马之中的“逆袭”。

所以，若是有幸与真理同行，那么这意味着你已经抓住了那一点点的运气，剩下的，就是看你是否足够坚韧，是否拥有足够的勇气，可以将这条颠覆权威的“逆袭”之路走到底。而成功，就在终点等你。

辑三

突围：如果继续以往的错误，我们只能困死其中

每个人都会经历失败，每个人都会犯错，这件事情再平常不过。可是，犯错了以后呢？要怎么补救呢？这就成了成功者与失败者的分界点。很多人在犯错以后，在失败以后，因为包袱，因为不敢冒险，选择了保守，选择了继续原来的轨迹，只是让自己变得更加小心了而已。

在一条错误的道路上走下去，不管多小心，也不可能抵达自己想要去的地方。想要成功，那就必须要突围。

收敛光华，在低调中突围

一

聪明本是一件幸运之事，但是有的人却以此自恃，唯恐他人慧眼不识英雄，极尽表演之能事，到处炫耀自己如何聪明，目空一切，自以为是，仿佛只有自己才是饱学之士，才高八斗，如此“聪明”也就不是幸事了，结果不但不能取得别人由衷的敬佩和信任，反而可能会作茧自缚，引火烧身、自掘坟墓。

西方有这样一种说法：“法兰西人的聪明藏在内，西班牙人的聪明露在外”。前者是真聪明，后者则是假聪明。培根先生认为，不论这两国人是否真的如此，但这两种情况是值得深思的。他指出：“生活中有许多人徒然具有一副聪明的外貌，却并没有聪明的实质——‘小聪明，大糊涂’。”

三国时期著名谋士杨修的经历和遭遇算是聪明反被聪明误的突出典型，足以让人感叹：小聪明之人，最终让人怜之不足，鄙之有余。

东汉末年的杨修是个文学家，他才思敏捷，灵巧机智，舌辩之士，深受曹操的赏识和重用，官居主簿，典领文书。如此种种，使杨修自觉聪明非凡，故因恃才放旷，无所顾忌，数犯曹操之忌。

曹操欲建造花园，动工前审阅设计图纸时什么也没说，只在园门上写了一个“活”字。本是有意和工匠们逗智，而杨修却自作聪明地揭破谜底，还四处张扬说：“此乃‘阔’意，丞相嫌园门设计的太大了。”这委实是不知趣。

曹操为了考考周围文臣武将的才智，将塞北送来的一盒奶酪盒上竖写了“一合酥”3个字，杨修把曹操的“一合酥”给大臣们分吃了，还从容地回答：“盒上明明写着‘一人一口酥’，我等岂敢违丞相之命乎？”曹操虽然喜笑，而心头却很妒嫉杨修。

为了防范行刺，曹操忍痛杀近侍、装作梦中杀人、假装痛哭，又费力厚葬近侍。但曹操没有想到的是，杨修却一针见血地指出曹操是故装心痛，使这场戏白演了。杨修虽是处于正义，但也很不策略。

后来，曹操平汉中时，连吃败仗。欲进兵，怕马超拒守；欲收兵，又恐蜀兵耻笑，心中犹豫不决。适逢庖官进鸡汤，他就随口说了一句“鸡肋”，士兵们都不知道是什么意思，只有杨修开始马上收拾行李，并对别人说，“魏王今进不能胜，退恐人笑，在此无益，不如早归。”曹操看到尚未颁布任何退兵命令，而全军上下早已一片班师回家之势，不免恼怒。一问方知又是杨修所导。曹操早忌恨杨修才高于己，今见其又猜透了自己的心事，便以扰乱军心定罪，杀了杨修，年仅四十五岁。

曹操因杀杨修背了千载“嫉贤妒能”的恶名，但是这何尝不是杨修自制的苦果。他自恃聪明，过分外露，不识时务地显其才、炫其能，这就等于贬低了曹操的才智。在明争暗斗的官场，他注定成不了大气候，被杀是在所难免。

天下广阔，芸芸众生，人与人之间自然存在着个体差异，个人的素养和品质也同样存在差距。我们不难发现，生活中有看似聪明过人的，也有貌如拙手笨足的；有的人意气风发精神抖擞，有的人则沉默寡言为人低调。

诚然，有人喜欢小聪明的机灵乖巧，有人羡慕小聪明的八面玲珑，我们甚至可以说每个人或多或少都有自己的小聪明。但是，小聪明不能一味地去炫耀，不懂得适度地收敛，因为这是一种肤浅的表现，更重要的是，当小聪明的手段被识破时，小聪明也就不是聪明了，只能是埋汰了别人，熔毁了自己。

艾森豪威尔是一个绝顶聪明之人，否则他无法策划史上最大规模的军事行动——诺曼底登陆，也不可能成为美国历史上唯一一个当上总统的五星上将，这主要是他在众人面前总是注意收敛自己的才智。

从总统岗位退休后，艾森豪威尔一直静居于葛底斯堡。有一次，几位年轻有为的将军前来造访，艾森豪威尔和他们天南地北，无所不谈，慢慢谈到越战。其中一位将军谈到兴起，引经据典地说希罗多德在撰文分析伯罗奔尼撒战争时曾说过：“你总不能远离前线28英里，而在后方舒舒服服当个安乐椅大将军吧！”

当访客走了后，一直坐在艾森豪威尔身旁的文书James C. Humes询问上述一句话的典故，怎知艾森豪威尔却摇摇头，说道：“首先，讲这句话的是保卢斯，而非希罗多德；其次，那也不是伯罗奔尼撒战争，而是布匿战争，所以尽管那位将军讲得兴致勃勃，但是他的引经据典是错误的。”

Humes大惑不解，问：“为什么你刚才不当面予以指正呢？”

“为什么要用自己的学识让别人陷入难堪的境地呢？”艾森豪威尔轻轻一笑，说道：“知其可为而为之，是聪明的；知其不可为而为之，则是愚蠢的。我能够取得今天的成就，很大程度是因为懂得恰当地收敛起自己的锋芒。”

那些时刻忙着表现自己小聪明的人，是否应该看看艾森豪威尔的故事呢？

宋代大文豪苏轼在《贺欧阳修致仕启》中写道：“大勇若怯，大智若愚。”照字面意思解释，“大智若愚”的意思就是有大智大慧大觉大悟的人不爱显露才华，心平气和，遇乱不惧，受宠不惊，受辱不躁，含而不露，隐而不显，自自然然，平平淡淡，甚至显得有点木讷，有点迟钝，有点迂腐。

大智慧不是每个人都具有的，它取决于各人的学历、知识、修养、性格、素质等，而且这还是一件“冰冻三尺非一日之寒”的事。不过，要想拥有大智慧，首先必须是一个豁达沉稳的人，不会处处锋芒毕露，善于藏匿自己的智慧，能够适时地把握自己，如此才是至诚、至善、志远的人生。

俗话说“是金子总会发光”，如果你是真正的聪明，根本没有必要总在别人面前 “卖弄”，学会收敛光华，才能避免成为众矢之的，在低调中“突围”，成为最大的赢家。很多事情，哪怕心知肚明，也要做到不显山露水，炫耀自夸，如此才是人生的大聪明。正所谓“真人不露相，露相不真人”“一瓶子的水不响，半瓶子的水叮当响”，大智若愚的人多是拥有大的智慧，道理就是这么简单，却又无比深奥。

对此，民间有句非常贴切的谚语：“低头的麦穗，昂头的稗子。”越成熟，越饱满的麦穗，头垂得越低，不怎么张扬自己。只有那些果实空空如也的稗子，才会显得招摇，始终把头抬得老高。由此我们不难得出结论：收敛小聪明，沉淀大智慧，这既是一种通透的为人谋略，又是一种至高的人生态度。

当你愿意改变，人生就有无数种可能

当今社会，挑战无处不在，在严峻的挑战面前，随时保持对周围世界的敏感性，放宽自己的视野，拥有一个开放的头脑，是很有必要的。而所谓开放的头脑，指的就是不墨守成规，不固执己见。如果人总是一味地墨守成规，固执己见，因害怕变化而否认或者拒绝变化，那么只会使事情变得更加糟糕，以至于迷失在痛苦的泥沼中团团旋转，甚至处于黔驴技穷的局面，此诚危急存亡之秋。

生活就如海上行舟，不可能永远都一帆风顺，每个人都不可避免地会陷入这样或那样的迷茫境地。此时，最明智的做法就是开放大脑，着眼现在，放眼未来，敢于并善于改变自己。只要你做到了，你就能将不如意化为如意，由困境进入顺境，这正如诗人陆游所说的“山重水复疑无路，柳暗花明又一村”。

回顾历史，我们发现，但凡是能够做出巨大成绩的人，必然都是深明变通之道而不拘泥于祖先之法的人，比如实施“胡服骑射”的赵武灵王，为秦国开创帝业打下坚实根基的变革家商鞅。因为敢于改变，善于改变，所以才能打破固有的认知，在绝境中寻得新的生机。

2亿3千万年前，地球上一派生机盎然，巨大的身躯让恐龙在与其他物种竞争时占尽优势，并逐渐成为了地球上的霸主。大约6千到7千万年前，地球上很多地方被冰川覆盖，很多植物被掩埋，为了生存下去，各种哺乳动物开始竭力改变自己，一代比一代的体形更小，以减少对食物的需求。但是，恐龙却不舍得改变自己庞大的身躯，它们依旧像以前一样拼命进食。有限的食物不能再满足需要，恐龙一个个的饿死了，首当其冲的便是最大型的草食性恐龙。随着食物越来越匮乏，恐龙之间也开始自相残杀，这又导致了恐龙数量的进一步减少，最终盛极一时的恐龙灭绝了。

恐龙灭亡的事实，告诉了我们一个道理：世界是残酷的，竞争是激烈的，现实是客观存在的。对于这些外在的条件，我们有时真的很难改变，如果总是固守自己的原则，不能适度地向客观环境妥协，那么即便自己再强大，也难逃被淘汰的厄运、消亡的结局。动物是这样，人同样也是这样。

对此，《易经》有言：“穷则变，变则通，通则久”，意为穷尽就会变化，变化就会通达，通达就会持久，说的正是事物处于穷尽局面，或身处困厄的境地时必须学会变通，思维变通后问题自然就可迎刃而解，这句话强调的正是放宽视野、开放头脑的重要性，“变通”一词由此而来。

不过，当事物处于穷尽局面，或者当身处困厄的境地时进行变革，这绝对不是一件轻而易举的事情，更不是只靠热情就能奏效的，它需要的是审慎紧密的考虑安排，需要得到人们的理解和信任，更需要实施者身上具有一股魄力十足的大气，能够迈着坚定的步伐，义无反顾地向前走。

80年代的好莱坞，曾有一批极具表演天赋的青春偶像被人们称作“乳臭派”的明星，汤姆·克鲁斯便是其中之一。所谓“乳臭派”明星，即拥有人见人爱的英俊外表和迷人微笑，演技却稚气有余、差强人意。1983年，克鲁斯共出演了四部电影，但在票房和评论界双双惨败，这些打击让克鲁斯的事业陷入迷茫。

很快，克鲁斯意识到要想获得事业的发展，就要改变自己的“戏路”，而不是成为一个凭容貌取胜、任人摆布的青春偶像。为了摆脱性感偶像的标签，克鲁斯开始尝试饰演成人角色，拍摄了《金钱本色》《雨人》等影片，这些电影的成功使克鲁斯从青春偶像成功转型为成熟的影坛巨人。

克鲁斯的勇气和演技经受了多次考验，并且随着年龄的增长，他的事业陷入了“中年危机”的低谷，票房号召力大不如从前，于是，克鲁斯决定向其他方向发展，他成立了自己的影视公司，开始担任影片的制片人一职，了解观众心理和市场信息，挑选合适的剧本，决定导演和主要演员的人选等。

耗资几千多万美元的动作巨片《碟中谍》系列，是克鲁斯由演员向制片人迈出的第一步，他让影迷们再次见到了他的高超演技，并向观众展示了他无愧于主角位置的实力，他再一次焕发出神一般的光芒，使得演艺事业如日中天。

从80年代奶油派领军人物到90年代的票房保证，再到21世纪好莱坞的头牌明星，尽管克鲁斯经历过同代明星的起起落落，但他却一直是这20年来好莱坞曝光率最高、影响力最大的演员。当然，他凭借的不仅仅是英俊的外表、认真的作风、坚定的意志，更多的是他拥有开放的头脑，不断地调整自己的思维，用自身的行动去努力地适应环境，最终实现了“变则通”。

当事物处于穷尽局面，或者当身处困厄的境地时，我们要敢于并善于改变自己，而这最需要的就是培养一份大气，拥有一个开放的大脑，任何墨守成规，或固执己见的人都无法做到这一点。

因此，处于怎样的环境不重要，重要的是你的选择：是选择软弱地屈服于现在的困境，还是豁达乐观地面对现实，改变自己固有的心态、思维和行为，使自己适应环境。是困境，还是“通”，这就看你如何把握了。请记住，当你愿意改变的时候，人生才能迎来无数种可能。

“低头狂奔”时，别忘了“抬头看路”

通往成功的路有很多条，要想顺利抵达终点，我们既要能够“低头狂奔”，又要懂得“抬头看路”。因为只有方向正确了，我们才能做正确的事，并正确地做事，才能避免苦苦追求、满脸疲惫的瞎忙，即使走得慢也能走出成效，而且走得从容淡定。而只有足够努力和拼搏，我们才能在最大的时间走最远的路，达成最高的成就。

成功就是这样在抬头和低头的交替中实现的。每一次的抬头，不仅能让我们在忙碌的工作中得到暂时的休息，还可以帮助我们随时修正前进道路中的方向；而每一次埋头，则都能让我们在既定的方向上向前迈进，不断取得更多的成功。

曾看过这样一个笑话：

有个人要到洛杉矶，他很早就出发了，希望能在天黑之前到达目的地。没过多久，他看见一个开汽车的年轻人，就拦住问路：

“请问到洛杉矶还有多远的路程？”

“大概30分钟吧！”年轻人回答。

“能让我搭个便车吗？”这个人又说。

年轻人同意了，这个人高兴地上了车，不停催促年轻人开快一点。

汽车行驶了大约30分钟，这个人四处张望，越发的感觉不对劲。公路周围几乎全是乡村的景象，没有一点大都市的影子。他疑惑不解地问年轻人：“请问，还有多远才能到洛杉矶呀？”

年轻人说：“要一个小时可以到洛杉矶”。

这个人更不理解了：“一小时？刚才不是半小时吗？”

年轻人回答：“没错啊，刚才确实离洛杉矶还有半小时，那时我刚从洛杉矶出来”。

笑话终归是笑话，但在娱乐的同时，也说明了一个道理：有些人往往会有这种思想，以为走得快就能成功，却忘记了抬头看路，因为没有看清方向，结果偏离了向成功发展的方向，导致了事倍功半的结果，落得费力不讨好的下场。

因此，在人生道路上，我们一定不能一味地像老黄牛一样埋头拼命拉车，而要懂得在百忙之中经常抬头看看方向，随时反省和思索最根本的方向性问题，统筹兼顾，这样我们的工作才能尽可能地减少失误，发展的速度也才会更快，我们的人生路径才能逐渐导向一个正确的方向，让每一份努力与付出都发挥出相应的价值，而不是在错误中越走越远，甚至将自己困死其中。

关于这一点，美国巴尔鞋业集团董事长罗尼·巴尔的成功故事给了我们很大的启示。“方向对了，就不怕路远！”罗尼·巴尔在成功的道路上不断践行着这一句话。在“埋头苦干”的同时，他没有忘记“抬头看路”的重要性。

罗尼·巴尔是一个美国人，35岁时他开始在一家鞋厂学习制鞋技术，他仅用了30天的时间就学会了别人三年才能学会的制鞋技术。工作期间，罗尼·巴尔认真踏实、精益求精，就连师傅都对罗尼·巴尔的手艺赞不绝口。

几年后，罗尼·巴尔所在的市区开始鼓励私人经营，当天罗尼·巴尔就向师傅提出停薪留职的请求，并同时注册了自己的皮鞋厂：巴尔皮鞋。这是罗尼·巴尔第一次“抬头”，他拿出自己几年的积蓄，投资了制鞋产业，创业初期他每天都要埋头工作16个小时，几乎没有休息日，巴尔皮鞋很快成为该市的畅销品。

但是好景不长，由于其他品牌的“入侵”，巴尔皮鞋的销量开始下降了。“生存还是毁灭”，罗尼·巴尔面对困境，开始抬头看路，他四处调查市场，得知当时该市区的皮鞋业基本上以手工制作为主，装备水平很低，质量上相对也较次。通过这次抬头看路，罗尼·巴尔看到了自己与别人的差距，他下定决心要改变这种现状！随后，他跑到国内最高级、最专业的皮鞋研究所学习，后来又到了被誉为“世界鞋都”的意大利进修。经过这一番学习后，他投入120多万元着手进行技改，创出了当地第一条机械化流水线，由低档产品为主转为生产高档皮鞋，再次打开了市场。

虽然在国内市场上站稳了脚步，但国外市场的开拓却不尽如人意，罗尼·巴尔再一次抬头看路，看到了皮鞋升级换代、加速发展的希望。于是，他决定退出批发市场，走连锁品牌专卖之路；而且，他还引进意大利设计师的创作样式，追赶世界鞋业时尚潮流，不断推出有自主知识产权的系列舒适鞋…… 最终他建立了自己的制鞋王国。

罗尼·巴尔低头苦干没有白干，抬头看路更没有白看。他不仅发现了自己与先进水平之间的差距，还找到了企业未来的发展方向。方向对了，巴尔集团的成功也就自在情理之中。真是不看不知道，一看全明了。

“低头狂奔”，是脚踏实地，苦干。“抬头看路”，是辨别道路，认清方向。在成功路上，埋头努力十分重要，正确的方向更是必不可少的，甚至方向比努力还要更加重要。只顾低头拉车者，没有方向和目标，白白付出辛苦；只顾抬头左顾右盼者，不能付诸行动，做不出事实。凡大成就者必然都有一份着眼当前、放眼长久的智慧，更有一种坚忍不拔、持之以恒的生活态度，如此，成功自在情理之中。

即便身处黑暗，
我们也当探寻光明

俄国作家契诃夫曾经写过一篇题为《生活是美好的》的文章，里面有这样一段意味深长的文字：“要是火柴在你的衣袋里燃烧起来了，那你应当高兴，而且要感谢上苍，多亏你的衣袋不是火药库。要是有穷亲戚到别墅来找你，那你不要脸色发白，而要喜洋洋地叫道，挺好，幸亏来的不是警察……”

人生世事难料，可能平步青云，也可能深陷泥潭，于是就有了人生的昼和夜。既然人生的黑夜不可避免，那我们何不从黑夜中寻找光明？正如顾城的那一句诗：“黑夜给了我黑色的眼睛，我却用它来寻找光明。”

生活是美好的，白昼有白昼的乐趣，黑夜也能有黑夜的魅力，关键在于我们的心境和面对生活的态度，在于我们能否着眼当前，放眼未来，善于从黑夜中寻找光明，看到生活中美好的一面和光辉灿烂的未来。很多时候，好事与坏事只是人的一念之差。凡事多往好处想，心胸自然会变得豁达宽大，心中便是一片朗朗晴空，也就能够顺利地解决一切问题。

海伦·凯勒1880年出生于亚拉巴马州北部一个叫塔斯喀姆比亚的城镇，在她一岁半的时候因发高烧差点丧命。她虽幸免于难，但发烧给她留下了可怕的后遗症——她再也看不见、听不见，接着她又丧失了语言表达能力。海伦仿佛置身在黑暗的牢笼中无法摆脱，万幸的是她并不是个轻易放弃的人。

不久，海伦就开始利用其它的感官来探查这个世界了。她跟着母亲，拉着母亲的衣角，形影不离；她去触摸，去嗅各种她碰到的物品；她模仿别人的动作且很快就能自己做一些事情，例如挤牛奶或揉面；她甚至学会靠摸别人的脸或衣服来识别对方；她还能靠闻不同的植物和触摸地面来辨别自己在花园的位置。

当然，对于一个聋盲人来说，要脱离黑暗走向光明，最重要的是要学会认字读书。而从学会认字到学会阅读，更要付出超乎常人的毅力。海伦是靠手指来观察家庭老师莎莉文小姐的嘴唇，用触觉来领会她喉咙的颤动、嘴的运动和面部表情，而这往往是不准确的。她为了使自己能够写好一个词或句子，要反复的练习，最终她凭借自己的努力考入了美国哈佛大学的拉德克利夫学院。在大学学习时，许多教材都没有盲文本，要靠别人把书的内容拼写在手上，因此海伦预习功课的时间上要比别的同学多得多。当别的同学在外面嬉戏、唱歌的时候，她却在花费时间努力备课。

就在这黑暗而又寂寞的世界里，海伦竟然学会了读书和说话，并以优异的成绩毕业，成为一个学识渊博，掌握英、法、德、拉丁、希腊五种文字的著名作家和教育家，她的《假如给我三天光明》感人至深。之后，她走遍美国和世界各地，为盲人学校募集资金，把自己的一生献给了盲人福利和教育事业。她赢得了世界各国人民的赞扬，并得到许多国家政府的嘉奖。有人曾如此评价她："海伦·凯勒是人类的骄傲，是我们学习的榜样，相信众多因疾病而聋、哑、盲的人都能在黑暗中找到光明"。

阴影恰好证明了阳光的存在，海伦·凯特并没有因为自己视野的盲区而遮住人生绚丽多姿的风采。其实，眼盲并不算是永别了光明，迷失在自我的沉沦中。没有理性的照耀，才是一个人真正身处的黑暗。世界上没有无边的黑暗，只要拥有坚强的毅力和不惧黑暗的勇气，终究会看到黎明时喷薄的太阳。只要眼中尚存余光，就能找到正确的方向。

真正的黑暗不是人生的黑暗，而是心灵的黑暗。每个人的心灵救赎最终能依靠的只有自己，只有摆正了态度，坚定地朝着光明前行，我们才能走出人生黑暗的沼泽。无论何时，只要我们心中有所期待、有所探寻，期待熬过黎明前最冷最暗的黑夜，探寻东方第一缕曙光的方向指引——我们就一定能扬帆远航！

太阳东升西落，于是就有了一天的昼和夜。昼夜交替，顺逆相依，这本是自然运转的规律。问题是当很多人身处黑夜时，就如热锅上的蚂蚁，失去理智，不能判断方向，手忙脚乱，结果常常无功而返。

德国人洛克的事业和生活几乎是一帆风顺的，即使遇到一些烦心事，他也能从容不迫地应付。但是，因为第一次世界大战的到来，世界上绝大多数的烦恼几乎在同一时间都向他袭来，令他苦不堪言。比如，他所创办的商业学校因大多数男生都应征入伍而出现了严重的财政危机；他的儿子在军中服役，生死未卜；他的女儿马上就要高中毕业了，上大学需要一大笔学费；他的家乡一带要修建工厂，他的房屋要被拆了，而土地房产基本上属无常征收，赔偿费只有市价的十分之一……

“面临这么多糟糕的事情，我该怎么办呢？天！我毫无头绪……”洛克整天食不能安夜不能寐，就连坐在办公室时他都在为这些事烦恼。几天后，洛克的精神状态越来越不好，后来他因急火攻心，突患脑血栓去世了。

一年后，事实证明，洛克的死是不值得的。因为，他担心他的商业学校无法办下去，但是政府却拨款训练退役军人，他的学校很快便招满了学生；他的儿子毫发无损地回来了；在女儿将入大学之前，他找到了一份兼职稽查的工作，帮助女儿筹足了学费；住房附近发现了油田，他的房子也不再被征收……

可见，身处黑夜并不可怕，可怕的是因为黑暗的侵袭而放弃希望。当一个人的心完全被黑夜占据，即使艳阳高照，他的心仍然是冰冷的。一个人心中没有了希望，也就没有了斗志，他就被彻底地击败了。

在光明下欢笑是一种本能，而在黑暗中欢笑则是一种态度。在黑夜中寻找光明，需要具有“采菊东篱下，悠然见南山”的闲适，这是一种心胸之宽广，是一种力量之博大，更是一种态度的从容与淡定。身处黑夜，保持不灭的信心，才能拥有突围的希望，才能等到光明的到来！

突陷“枯井”，也要记得抖落泥沙

有这样一句话：“困难像弹簧，看你强不强，你强它就弱，你弱它就强”这确实是生活的至理名言。要想成为生活的强者，在面对突然出现的困境时，我们就要学会勇敢积极地面对。哪怕是陷入充满泥沙的枯井里，哪怕是泥沙在填埋着我们，我们也要学会将撒落在身上的泥沙抖落掉，而不是在枯井里像无头苍蝇一般团团打转。

下面一则小故事，或许可以让我们受到不少启发。

一位农夫与一头驴相伴，一天驴不幸掉入一口枯井中。农夫在井口急得团团转，费尽心思想救出驴，但折腾了大半天都无济于事。最后，农夫念在驴一生辛勤劳作的情分上，既然无法相救，那就填了枯井，让它早点安息。

农民把所有的邻居都请来填井，大家抓起铁锹，开始往井里填土……

驴子很快就意识到发生了什么事，起初，它只是在井里恐慌、痛苦地哀嚎着。不一会儿，令大家都很不解的是，它居然安静下来。几锹土过后，农民终于忍不住朝井下看，眼前的情景让他惊呆了：每一铲砸到驴子背上的泥土，它都作了出人意料的处理：迅速地抖落下来，然后再站上去。

农夫高兴极了，加快了往井里填土的速度。就这样，没过多久，驴子不断抖落掉身上的泥土并踩在脚下，竟把自己慢慢升到了井口。它纵身跳了出来，从原本绝命的枯井里得以生还，然后在众人惊讶不已的表情中得意地跑开了！

意识到自己即将被泥土掩埋时，驴子开始时只是在井里恐慌、痛苦地哀嚎，不过冷静一下之后，它发现了一个脱困的“秘密”，对于每一铲砸到自己背上的泥土都作了出人意料的处理：迅速地抖落下来，然后再站上去。随着井底泥土的不断增高，驴子化逆境为顺势，从原本绝命的枯井里得以生还。

在生命的旅程中，我们不可避免地会遇到诸多的困难和磨难，这就好像突陷枯井的驴子一样，随之而来的是对前途的困惑、焦虑还有彷徨与无奈，种种感觉一齐涌上心头，个中滋味尽在不言中，有的人甚至走进死胡同、走向极端，实在是可悲可叹。

在生命的旅程中，那些各式各样的困境其实就像是不停掉落在身旁的“泥沙”，叫人无法躲闪。这时候，任何哀叹痛哭、怨天尤人都是无济于事的，最有效、最实际和最聪明的办法，无异于冷静面对，挺直腰杆，将身上的“泥沙”抖掉踩在脚下，让它们变成帮助自己脱困的垫脚石。

人生从来没有绝境，只要你想，就一定能让自己走出一条路。重要的是，被困难包围住的你，是否能够在迷茫中豁达乐观地面对一切，着眼现在，放眼未来，以一种正确而积极的态度去面对困境，并且冷静而理智地进行思考，从而实现人生的突围。能做到这一点的人很少，故成功的人也少。

美国著名的“牛仔人王”李维·施特劳斯（简称李维斯）的发迹史充满传奇，他的致胜“法宝”就是每当遭遇困境的时候都用积极乐观的心态去面对，进而将困境变成自己走向成功的垫脚石，他堪称大气天成、王者风范的典型。

19世纪美国发现了储量可观的金矿，消息传来，整个美国都轰动了。李维斯和众多年轻人一样带着梦想日夜兼程奔赴西部追赶淘金热潮，岂料一条水势凶猛的大河挡住了去路。被阻隔的行人怨声一片，苦等数日后陆续开始打道回府。“我也要回去吗？”李维斯问自己，“不！既然大家都被大河挡住了去路，我何不做个摆渡人呢”，很快李维斯因摆渡获得了人生的第一笔财富。

由于到西部的时间比较晚，好的地方已经被先来者占据。没有好的地盘了，淘金的希望太渺茫了，李维斯和同行的人一连挖了好几天，可连一粒金子也没有挖到，却又得时常忍受没有水喝的痛苦。“这样下去什么都不会得到，身体还会垮掉，难道回家吗？”想到这里，李维斯犹豫了一下，随即对自己说“不！不！”。看到淘金者们时常忍受没有水喝的痛苦样子，一个念头在他脑中一闪而过：“卖水！”

李维斯没日没夜地挖水渠，从百里之外将河水引入水池。然后，将水装进水桶里，开始卖水。一时间，排队买水的人挤破了头，李维斯的生意非常火爆。慢慢地，有人开始参与卖水的新行业了。再后来，卖水的人已越来越多。

这样，生意很快就被瓜分了，李维斯又陷入了困境，怎么办呢？他又开始了冷静的思考。看到淘金人成天在野外挖矿裤子极易磨破，他便收集了一些废弃的帆布帐篷，缝制成了裤子，这种裤子布料很厚很结实，不容易磨破，在当地非常受欢迎，这就是牛仔裤的发明，李维斯的神话也由此展开。

为什么你不如别人优秀？为什么你的成就不如别人大？是时候好好地想一想了，在遇到困境的时候，你是退缩还是迎难而上？是逃避还是勇敢面对？困难就像弹簧，是你强过它还是它强过你？

伟大和平庸常常只有一步之遥，成功者和失败者的人生历程其实是一样的，唯一不同的是在困境面前的应对态度。前者在每个“枯井”中都能看到机会，让自己一步步从黑暗中走向光明，将困境变为一个超越自我的有利条件；而后者则只会把“枯井”看做是生命的终结，结果再小的困境也会成为他致命的一击。

以前看是对的，
现在未必是有用的

事物总是在发展变化的，在这个世界上，从来就不存在一成不变的东西。就像有的事情，也许以前看来是对的，但随着身份阅历的改变，如今再去看则未必就是有用的。而人生最大的悲哀就在于，因为不懂变通，默守陈规，轻易地放弃了本该坚持的东西，却固执地坚持了本该放弃的事情。

一条路走不通却硬往里钻，这是一种无奈的消极等待，实在不是英雄所为。倒不如从容一点，勇敢放弃。要知道，放弃错误的坚持是一种自我调整，是人生目标的再次确立，懂得放弃，学会变通，我们才有可能绝处逢生，这正好应了文学大师斯宾塞·约翰逊曾经说过的那句话："越早放弃旧的奶酪，你就会越早发现新的奶酪。"

梦凡爱上了一个已婚男人，这样的恋情自然遭到了父母的反对，但梦凡不惜和父母闹崩，离家独居。从22岁等到了26岁，四年的美丽青春年华里，她一直等待着男人来风风光光的迎娶自己。

而那个男人呢，许诺的离婚竟遥遥不可及，像水中月一样，看得见却触及不到。朋友们都开始劝说梦凡，“分了吧，你有多少青春可以这样等待，还要等多久？”但是，梦凡态度坚决地说，“不！他答应过我的，我要一直等下去。”男人始终没有娶梦凡，而且对她越来越冷淡。

渐渐地，梦凡开始变得不平、愤懑、幽怨，她有时会自卑地问朋友们：“难道我真的没有他老婆好，不如她漂亮、贤淑？”梦凡心情越来越不好，工作也干不好，她觉得自己的人生一团糟，但她还是不肯放弃他！

死守着一份不属于自己的爱情，在那里苦苦挣扎，让自己心力交瘁，身心疲惫，是在折磨自己也是在折磨他人，还有可能错过很多原本属于自己的爱情，从而也阻断了追求真爱的路，何必苦守？

在现实生活中，有很多事情是需要我们迎难而上、奋力坚持，才能取得最终胜利的。但如果目标不对却仍要坚持一条道走到底，因不舍得放弃而坚持不该坚持的，那么即便走到最后，等待我们的也不会是胜利，而是更大的失败。人当坚韧执着，却不应固执己见、刚愎自用，甚至是冥顽不化。

当然，放弃自己的坚持，寻找新的出路，怎么说都不是一件简单的事。这需要我们有断臂割肉的勇气，更需要我们有“急转身”的底气。真情的人懂得牺牲，淡定的人懂得超脱，智慧的人则懂得放弃。

放眼全国，小巧灵活的温州人就有这种从容放弃的大气。

态 度

众所周知，温州人经商始于小商品，并以小商品批发起家。发了财之后，他们发现市场上没有更好的投资渠道，相比较而言，投资房地产是当下最理想的选择。曾几何时，温州人在全国各地炒房风生水起赚了大把的银子，也引发了各地炒房的热潮。

当房价政策调控降临，房价阴跌不断时，许多住房投资者心痛也愈加剧烈，但还是选择了坚守。不过，一些温州人已经抽资而退，用逐利的目光追寻新的投资机会，踏上了投资煤矿、做石油贸易、开采石油、开办电站和电厂的淘金之旅。

“一条路越走越黑的时候，不必固执地走下去，赶紧放弃，及时回头，这样左手握着的东西丢了，我还可以用右手赚回来。”这是一位温州商人的自信表白，也是赠给固执愚钝之人的点悟之语。

那些钻进牛角尖儿的人，为什么不回头看一看呢。如果通过长期努力仍不能达到设想的目标，感到走投无路，感到一筹莫展，那么就该分析一下，这个目标对自己是否合适？如果不合适，不如及早抽身，设立新的目标。

老鼠钻到牛角尖儿里去了，它跑不出来，却还拼命往里钻。

牛角对它说：“朋友，请退出去，你越往里钻，路越窄了。”

老鼠生气地说：“哼！我是百折不回的英雄，只有前进，决不后退！”

“可是你的路走错了啊！”

“谢谢你”，老鼠还是坚持自己的想法，“我一生从来就是钻洞过日子的，怎么会错呢？”

不久，这位“英雄”便活活闷死在牛角尖儿里了。

“我是百折不回的英雄，只有前进，决不后退”，这只老鼠正是因为自己错误的坚持而葬送了性命，相信很多人会笑它的迂腐和无知，但我们又何尝不是如此。有时候一味地坚持，刻意地执着于一件事情、一个地方、一段情感……永远无法释怀，永远解不开那个结，结果身陷泥潭，不能自拔。

其实，我们应该学一学水的智慧。你看，河流行径之地总有各种的阻隔，高山、峻岭、沟壑、峭壁，但是水到了它们跟前，并不是一味地一头冲过去，而是很快调整方向，避开一道道障碍，重新开创一条路，正因为如此，它最终抵达了遥远的大海，也缔造了蜿蜒曲折、百转迂回的自然美。

人生百味，何必苦守一处风景？当感觉走投无路、手足无措时，不如勇敢地来个急转身。放弃那些没有结果的坚持，以免独自饮泣；放弃那些无法胜任的职位，以免心力交瘁；放弃无法实现的空虚梦幻，以免徒劳无益……有时候，我们真正需要的，不是一往无前的悍勇，而是从容淡定的转身，转身从牛角尖儿中走出去，我们才能走向生命的开阔之处。

吃得下眼前的亏，才能吞得了以后的福

人们常说："吃亏是福。"有人可能会感觉很纳闷，吃亏应该让人压抑才对啊，怎么就"吃"出福气了呢？

这其实也不难理解，那些不能吃亏的人，在是非纷争中总是表现得过于精明，锱铢必较，将自己局限在"不亏"的狭隘的自我思维中，这种心理会蒙蔽他的双眼，束缚他的心灵；而愿意吃亏的人则不然，他们虽然做出了让步，却也换来了心灵的平和与宁静，赢得了别人的爱戴和尊敬，这些都将成为他们未来获得更多"福"的重要资本。

所以说，吃亏是福，只有吃得下眼前的亏，我们才能吞得了以后的福，为自己谋求更大的好处与利益。

有这样一个故事，或许可以让你更明白"吃亏是福"的道理：

三个人合伙做一桩生意，其中一人很不厚道，千方百计的欺骗了其他两个合伙人，最后把钱席卷而去，不知去向。被骗的合伙人甲很是郁闷，他逢人便讲那个人如何不地道，而且越讲越觉得那人卑污、肮脏，最后他郁闷的大病不起，却仍然对此耿耿于怀。另一个合伙人乙呢，他虽然也吃了亏，却淡然地说：“哦，可能是他比我们更需要钱吧。”他已经把这事轻轻撂下了，活得轻松而愉快。

甲与乙都是遭受欺骗、蒙受损失的受害者。而在伤害已经造成之后，甲却因为无法咽下吃亏的气而让这种伤害不断发酵，不断加深，直至把自己折腾得大病不起；而乙呢，则因心胸的豁达宽大而坦然接受，将这些伤害全部抛诸脑后，轻轻放下，及时止损，没有让这些伤害影响到自己生活的一丝一毫，这何尝不是一种最大的福气呢?

在现实生活中，总有这样一些人，他们总是注重自己能够得到什么，只要一见到好处就巴不得扒拉到自己身上，一见到坏处就恨不得全推给别人，生怕自己吃亏，只要吃一点亏就觉得委屈，甚至觉得吃亏就是被人利用的表现。而这样的人通常都是不会有什么大出息的。

下面，我们来看一个例子。

苏珊是一家汽车公司的网络编辑，她这人最害怕的就是吃亏，尤其是在工作上，做完自己的工作后，宁可坐着歇着也不肯帮帮周围忙得头晕转向的同事们，下班比谁都走得早，这让同事们很不喜欢。

有一天下午，公司要急发通告信给所有的营业处，而公司的文员又请假，所以办公室主任抽调了一些员工协助，苏珊就在此列。

苏珊对此感到十分委屈，认为这不是自己的工作范围，做了就吃亏了，便不高兴地说：“凭什么要我去？再说了，我到公司来不是做套信封工作的，我不做。”依然准点下班。

听了这话，办公室主任面带不悦地抱走信封带着其他人整理去了。可以想象，热火朝天的加班场面中，只有苏珊的位子是空的，这让同事们心里很不平，把平时对苏珊的怨言通通一吐为快，而这恰巧被经理听到了，第二天苏珊惨遭开除。

这个故事给我们的最大启示是：不肯吃一点亏，不肯受一点委屈，就算省了自身的力气，得到了一些利益，却显得我们太没风度，路只会越走越窄。所以，苏珊被公司开除不足为奇，甚至可以说在情理之中。

每个人都有过跳高的体验，想要跳得高，每次起跳之前，我们都会有一个屈膝下蹲的动作，只有先蹲下去，给自己一个缓冲，一个发力的空间，我们才能让自己跳得更高，而吃亏于我们来说，就像是跳高前的下蹲一样。每一个能够登上成功巅峰的人都明白这个道理，主动吃亏，看似是让别人占便宜，但实际上却是在为自己积累资本。有时，安然吃亏的品格，远比天才更重要，而缺乏这种品格，即便是神童也难成大事业。

对于这一点，某电视台高级销售经理人Aaron深有体会。

大学毕业后，Aaron在某电视台做初级广告销售代表，作为一名刚进入此行的年轻人，在竞争惨烈、人才济济的情况下，Aaron明白只有自己主动一点才有可能有所成绩，因此他总是本着“吃亏是福”的信念，主动去做更多的事情。

公司的客户电话薄旧了，Aaron主动将电话记录誊写到新的电话薄上；上司要打印客户资料，他总是第一个跑到打印机前：“来，让我做吧”；有的同事工作进度慢了，他忙完自己的工作，就主动帮对方做一些工作……看起来Aaron是吃亏了，但是他却赢得了全公司人的喜欢，人人都知道这是一个勤快的小伙子。

有一次，台里需要有人来负责销售政治类广告，这是一个比较棘手的工作，要想做好这份工作就要付出比平时更多的时间和精力，而且没有业绩也就没有提成，因此没有人肯吃这个亏，一再辞让，最后这个“烫手山芋”交到了Aaron手里。Aaron也想推辞，但是犹豫再三他还是答应了下来。

同事们长吁了一口气，感慨终于轮不到自己做这件苦差事了，同时也对Aaron增加了几分的感激和佩服。好友很不解地问Aaron为什么这么傻，Aaron笑笑说：“吃亏就是福嘛！”刚接手时，Aaron心里也有点发虚，但他凭借着踏实认真的工作态度，最终将这个工作做得顺风顺水，并凭此得到了一个提拔的机会。

在表面上，Aaron是吃了一点亏，可是正由于他的主动吃亏，获得了公司上至领导下至同事的一致赞叹，同时他的主动吃亏的做法大家看在眼里记在心里，会认为欠了他一个人情，才愿意把升职加薪的机会让给他。

正如古人所言，用争夺的方法，你永远得不到满足；但是如果用让步的方法，你可以得到比企盼更多的东西，这就是“吃亏是福”真正的意义所在。坦然地面对吃亏，这代表了一种境界，一种给予，一种忍让，一种厚道，更是一种睿智，这是面对利益得失的平静，是审时度势的大气。

不过，凡事都有一个度，吃亏的前提是点到即可，使自己在大事上不受影响，不能一味地牺牲自身利益，更不能突破自己的底线，否则，就有可能给对方造成巨大的心理压力，彼此感觉很累，也容易让自己心理失衡。

受不了委屈，就只能把自己困死在低谷

谁都知道受委屈的滋味不好受，但在生活中，却还有比委屈更为重要的事，那就是自身的生存与发展。谁都免不了有低头的时候，只有学会承受委屈，化委屈为动力，我们才能在遭遇问题时找到正确的解决方法，在困境中为自己突围出一条路。若是受不了委屈，那么我们就只能将自己困死在低谷。

这就是生活的残酷所在，当我们处于弱势时，若不能承受委屈，意气用事，只会导致自己的委屈更大。要知道，在现实生活中，很多时候，真正决定“对错”的，不是道理，而是你所站的位置。人要懂得能屈能伸的道理，受得了委屈，才能直得起腰板。懂得放下无谓的坚持，才能打破困境，找到新的出路，让自己拥有新的希望。

不妨来看一个例子：

尹力是一家药品生产公司的文秘，她的老板如《穿Prada的女王》里面的女魔头米兰达·普瑞斯特一样严肃，只要公司一出现什么问题，她就会阴沉着脸斥责尹力，哪怕并不是尹力的责任，她都会劈头盖脸的说一顿，而且话说得不留任何余地……

每当这时，尹力都会觉得非常委屈，为什么老板从来不站在自己的角度思考问题呢？每次她都会有一种想要辞职的冲动，但转念一想：选择现在离开，只能证明自己的失败，所以不如暂且压压火气，努力证明自己的实力，并且成为公司独当一面的人物。一年之内，尹力办公室抽屉里锁着五六份辞职信——都是写了没交的。最终，凭着自己的优秀表现，她官至办公室主任，公司离不开她，她也离不开公司了。

对于自己的成功，尹力总结道："出门在外，哪有不受气的？许多当时以为是过不了的关、咽不了的气，事后想想，其实也并不是那么糟。挺一下，不都过去啦？在外面工作，要有好心态、大气量。"

"在外面工作，要有好心态、大气量"。对于这一点，阿里巴巴集团主要创办人、阿里巴巴集团主席兼首席执行官、中国雅虎总经理马云也说过一句很有意思的话："男人的胸怀是被委屈撑大的"。不管别人怎么委屈你，关键是自己要有海纳百川的胸怀。

在生活中，谁又没尝过委屈的滋味呢？尤其是与人打交道时，因为对方情绪化，因为沟通不力，总有不辨是非的时候，我们自然也就难免遭受委屈。年少轻狂的时候是受不得冤枉的，哪怕受到小小的委屈，也会急得跳起来，非要争个脸红脖子粗才肯罢休；气量狭小的人更是受不得委屈的，自尊很容易受损，焦急、忧虑、悲伤和愤懑……

但事实上，对委屈的承受，又何尝不是对我们的一种磨砺？忍受委屈，可以让一个人的胸襟更开阔、意志更顽强。那些能够在某方面取得辉煌与成功的人，在其光环的背后，又何尝不是一次次的委屈和妥协？正是因为拥有超乎常人的承受力，所以才铸就了他们博大的胸怀，并贯穿他们成功之前的奋斗历程。

王颖在一家杂志广告公司做文案策划，总经理要求她整理一份广告文案材料，说是下次开策划会议时用，很着急。王颖不敢怠慢，愣是在公司加了两天班，啃了两顿方便面做出了一份详尽的文案，完成后她第一时间把文件放到了总经理的桌上，正在打电话的总经理示意把文件放下。

没想到过了两天，总经理怒气冲冲地找到王颖，语气很重地问她为什么还没准备好材料？这么没有工作效率，耽误了开会怎么办？

王颖当时觉得这顿劈头盖脸的指责挨得太冤了，想到自己付出的辛苦白费了，她当着其他员工的面和总经理争辩了起来："我把文案放你桌上了啊，你还点头了呢，现在你怎么能翻脸不认账啊？"

"对不起，我从未见过你的文件，它不在我这儿，你怎么证明你给我了呢？我每天应付客户那么忙，你是想让我来管文件这种琐事儿吗？"总经理十分强势地把王颖压了回去，并且第二天就将王颖辞退了。

对于职场人士来说，受点委屈实属在所难免，尤其是来自上司的，委屈再不好受也要受。可以说，王颖是一个典型的涉世未深女孩儿，她不能承受老板的冤枉，为了争口气与老板硬对硬，大闹一场，结果惨遭辞退。

试想，如果王颖能够大气一点，不是为自己辩驳，而是平静地说：“那好吧，我回去找找那份文件。”然后，把电脑中的文件重新调出打印一份，再把文件交给总经理，那么总经理很可能看也不看地就签收文件，因为他更清楚文件原稿的去向。就算总经理真的忘记了文件的去向，也会满意于王颖的良好态度，彼此的关系不至于破裂，可能还会因为特别的沟通得到进一步的发展。

所以说，很多时候，受点委屈，我们才能不委屈。因为我们甘心受委屈的目的只有一个，那就是给别人一个台阶下，使问题得到正确的解决。当然，为了保证身心的健康，受了委屈之后，最好能为自己寻找一个情感宣泄的渠道，如对好朋友倾诉，建立社会支持网络；对着空旷的场地大喊几声，大哭一场；或者去跑步、听音乐等等。待情绪稍稍稳定后，再想想问题在哪里，以及自己下一步该怎么做。如此，受的委屈才不会白受，下蹲的姿势也才能真正给与我们向上跳跃突围的力量。

学会低头，
该求人时就求人

立身处世，有自力更生、自立自强的想法是对的，毕竟谁也不能保护我们一辈子，在这个世界上，我们真正可以放心依靠的，永远只有自己。但需要注意的是，在独立之余，我们也应当明白，不管谁都不是无所不能的，求人办事在所难免，有需要的时候，就要学会勇敢低头，该求人时就求人。

开口请求别人帮忙并不是什么难为情的事，求人也并不意味着你就低人一等，更不会因此双方就有什么贵贱之分。人与人之间的人情往来本就讲究一个有来有往，也许今天你站在低头求人的位置，明天就可能换到了抬头施恩的一方，不过只是立场的不同罢了，无论站在哪里，都不会丢失颜面。更何况，民间有句谚语“予人玫瑰，手留余香”，这说明“被求者”其实也会从帮人办事中获得微妙的心理享受。

智慧者如诸葛亮，为促成孙刘联盟，也曾亲自跑到东吴求人；才学者如蒲松龄，为写《聊斋志异》，也曾广求乡邻搜听奇闻轶事；高贵者如高祖刘邦，自认为取得天下的原因，就是善于求人，“萧何月下追韩信”的故事至今还在民间流传。孔子曰“三人行，必有我师”，讲得就是求人的道理。

放眼世界，我们可以很清楚地发现这样一种趋势：一些世界知名的大公司，其实都在走着“求人”的路子。美国的波音公司其生产研发、制造手段可谓世界一流，但它的波音747、波音757的舱门、机翼、尾舵却是由中国生产的；德国制造、研发智能化的数控机床世界有名，但机床控制系统所需的半导体部件，却分别采购于日本和美国……试想，如果这些企业万事不求人，事事身体力行，那么不可避免地就会搞粗放型的“大而全、小而全”，如此自然很难做成品牌产品，更有可能倒闭关门。

所以说，求人不是什么丢脸的事，相反，能够识时务低头求人才是人生的大智慧。无论是个人还是企业，无论是组织还是团体，不管发展得多么厉害，必然都会存在自己的弱势与缺陷，而适时地借助外力，显然比单打独斗要更能帮助自己发挥实力。

1964年，松下电器公司下属的170个公司中，盈利的只有二十几家，其余的公司全部赤字经营。作为松下的掌门人，松下幸之助当然不能无动于衷，他邀请了公司的代表，召开了一次大规模的公司会议。会议一开始，销售公司、代销店方面就怨声载道，公司的经营方针成了最大的焦点，松下成了众矢之的。松下耐心地和代表们交流，但交流渐渐变成了谈判，两天都没有达成一致。

第三天谈判一开始，松下意外地说了一句话："使大家蒙受这样的损失，是我松下不好。"然后向大家深深鞠了一躬，接着他没有继续前两天的讨论，而是讲起三十年前起家的故事。原来，30年前松下制造了电灯泡，他跑遍了所有商店希望老板帮他销售，起初很多商店都不同意，经过松下一再请求后才勉为其难，后来松下通过努力，终于打开了电灯泡的市场，并且使公司有了很大的发展。

最后，松下说："在座的很多代表就是当年的店主，松下电器能够有今天，多亏了在座的各位，松下目前的难关能否度过，还要请诸位多多关照。"此时松下早已声泪俱下，他的诚心感动了各位代表，再也没人责怪他了，双方终于达成了一致协议。

松下电器是当时日本乃至世界一流的大公司，他在危难面前并没有以高姿态打压经销商，而是采用了"求人"的策略，激发了经销商的同情，获得他们的信任，从而帮助自己顺利地摆脱了危机，真是妙哉！

天才也好，超人也罢，一个人的力量是有限的，许多事情不能独立完成。然而，有些人无论大小事都愿意自己担当，更不愿求助于人，甚至认为求人会使自己失去尊严，让别人感到厌烦。

殊不知，明明需要帮助却偏偏绕过别人，不肯寻求帮助，所办事情往往很难取得令人满意的结果。而且，对方还有可能觉得你不信任他，你怕给人家添麻烦是因为怕别人给你添麻烦，甚至认为你清高桀骜，不合群。

来看一个办公室职员小吴的故事：

小吴就职于一家文化公司，她做事干脆利索，工作效率很高，但是她有一个问题，那就是不好意思求人，一到需要找别人帮忙的时候就不好意思开口，因此再难办的事情也会选择一个人扛，有的扛过去了，有的则累坏了她。

刚一开始，同事们一见小吴有需要帮忙的地方，还会主动提供帮助。但是，小吴每次都会急忙制止：“不用，不用，我自己行”“哎呀，这太麻烦你了，还是我自己来吧”……渐渐地，大家也就对这位冷美人敬而远之了，甚至还有些小小的厌恶，“她真有那么厉害，什么事情都能自己搞定？我看未必”“哼，不帮就不帮，好像防着我们抢功劳似的，真是热脸贴了冷屁股”……

一段时间后，公司组织全体人员进行互相评价，并决定提拔得分最高者为新主管。小吴是最低分，毫无意外地与主管之位无缘，她心里很不平衡：“我不想让他们帮忙原本是好意，为什么他们没有人喜欢我，对我的评价差得要命？不是说，人要自力更生么？难道我做错了？”

例子中的小吴就是该求人时不求人、搬起石头砸自己脚的最好例子。

在无助时开口求助于人，其实才是一种真勇敢，它是成功者的拐杖。一个明智的人，往往敢于求人、善于求人，能把自己所能利用的所有人都用起来，获得他们的支持与帮助，这样自己才能少走很多弯路，成功也会来得更容易。

可见，求人不仅是一种谦和友善的气度，更是一种借力而行的智慧，还是维护和促进良好人际关系的最行而有效的一种手段。有的人身负旷世才学，行走世上却步履维艰；有的人资质平平，却干出一番惊天动地的事业，原因就在于后者能审时度势，善于求人，从而安身立命，立于从容之地。

“一个篱笆三个桩，一个好汉三个帮”，这句话流传了几百年，蕴含了人生的精华。所有问题很难一个人自己扛，没人能离开别人的帮助而独自存活。人在无助时，不妨尝试着改变自己，学一学“求人”的艺术，培养一种信任他人、依赖他人的大气，进而赢得发展和壮大自己的机会，打破桎梏，让自己在人生的瓶颈中成功突围。

辑四

坚熬：在坚持中熬练自己，下一秒就是奇迹

坚持、毅力，是成功者必备的品质。一个投机者，一个心智不坚定的人，不管他多么有才华，总会遭遇失败，总会一蹶不振，总会轻而易举的就放弃。那么，再多的天赋又有什么意义呢？只有那些坚毅的人，只有那些熬得住的人，才能真正百折不挠，才能真正的将所有的过人之处发挥出来。

坚持和毅力就是成功的基础，如果说天赋决定了你能走多高，而坚持和毅力则能决定你能否走的稳。

一路向前的人，根本不会无路可走

翻开世界名人与伟人的传记，你会发现，那不仅是一部部的成功史，更是一部部的“煎熬史”。是啊，历史上但凡取得大成就的人，有几个不曾经受过磨难的洗礼？司马迁惨受宫刑，后百折不挠地完成了《史记》；勾践卧薪尝胆十年，才终灭吴国，报了国恨家仇；帕格尼尼一生遭遇了8次疾病的折磨，终成19世纪最伟大的小提琴家；贝多芬失聪之后，“身残志不残”，以顽强的毅力创作了《F大调协奏曲》。

成功是一场煎熬，就如蝴蝶破茧，只有经历过无数的苦难，接受各种考验，我们的意志才能得到磨练，力量才能得到加强，心智才能得到提高，从中才能获取知识与智慧，从而才能够有所成就。

在《西游记》中，孙悟空几次气愤地提出，自己一个筋斗十万八千里把经拿回来，不就行了吗？能行吗？绝对不能！用今天的话来说，取经的过程，实际上就是唐僧及三个徒弟的成长过程，没有九九八十一难的考验和磨练，也就不可能有正果的修成。其实，佛祖看重的不是那些经书，而正是取经的过程。

即使如孙悟空般神通广大，也需经历九九八十一难才能成功，那么对于平凡的我们来说，遭遇现阶段的种种磨难，也就更加无可厚非了。反过来说，路上的艰难险阻对于孙悟空来说是一种修行，磨难也是一种人生的考验和动力，上天给予我们的每个困境都有其特殊意义，关键就在于每个人的态度和做法。不论前路多么艰险难行，只要我们能够坚持一路向前，那就绝不会无路可走。

偶然看到一则小故事，读来颇有感触。

一人看到一只蝴蝶即将破茧而出，等待许久也未挣脱茧的束缚，遂恻隐之心大动，想帮助蝴蝶尽快脱离“苦海”，于是找来剪刀给茧剪开一个小口，蝴蝶轻松地从茧中爬了出来。然而，令他始料不及的是，他这一剪却使蝴蝶从此丧失了飞翔和生存的能力，原来，蝴蝶的破茧挣扎实际上是为今后的振翅飞翔积聚能量，缺少了这一环节，最终导致蝴蝶因没能经历痛苦的挣扎丧失了飞翔本能而死亡的悲剧。

煎熬是人生的必由之路，只有承受过无数的风雨冰霜，踏遍一切的艰难险阻，我们才能捧起成功的桂冠，为自己加冕，但在这个过程中，倘若我们一遇到磨难就意志消沉，自暴自弃，不再为自己的目标努力，虽然可能一时会比较痛快，但却永远都不再可能享受到成功的喜悦了，人生也会变得肤浅和苍白。

有“现代法国小说之父”、世界级著名大文豪之称的奥诺雷·德·巴尔扎克曾说过：“苦难对于天才是一块垫脚石，对能干的人是一笔财富，对弱者是一个万丈深渊。”的确，伟大的人格无法在平庸中养成，只有历经坎坷和磨难后，视野才会开阔，灵魂才会升华。而巴尔扎克本人正是踩着磨难走向成功的天才。

巴尔扎克虽为贵族出身，但由于母亲的冷漠无情，他不但缺少温暖的母爱，还觉得自己好像是家里多余的人，童年生活犹如噩梦一般。大学时期，他因想做一名文学家而不是父亲期望的律师产生分歧，而与父亲的关系紧张，结果失去了稳定的经济来源，不得不靠四处打零工糊口。在此期间，他还进行着文学创作工作，但是他的付出并没有得到回报，那些作品不断地被退了回来。

从学校毕业后，为了获得独立生活和从事喜欢的创作之路，巴尔扎特曾先后从事出版业和印刷业的工作，皆告失败，后来还在与书商打交道的过程中受骗，以致负债累累。为了躲避债务，他不得不多次迁居，最困难的时候他每天只能吃点干面包，喝点白开水。但他依旧乐观，他在桌子上画一只只盘子，上面写上“香肠”“火腿”“奶酪”“牛排”等字样，然后在想象的欢乐中狼吞虎咽。

经历了太多社会中混乱的人情世故，遭逢了无数的否定和不幸，巴尔扎克的生活几乎是一团杂草，但是他并没有沉沦于这些痛苦的情绪中，更没有放弃自己写作的愿望，他在手杖上刻了一行字：“我将粉碎一切障碍”。他不断地追求和探索知识，对哲学、经济学、历史、自然科学、神学等领域进行了深入研究，积累了极为广博的知识和经验，终成法国现实主义文学成就最高者之一。

被骗负债，屡遭退稿，穷困潦倒……这些磨难足以打倒一个人，但是巴尔扎克颇具大气，他不仅没有退缩，不甘沉沦，而且始终以积极乐观的心态去迎接苦难，接受苦难，战胜苦难，最终抵达了生命的巅峰。最好的才干往往是从烈火中冶炼出来的，上帝创造天才的方式，就是这般独特和不可思议。

正如《孟子·告天下》中所说的：“天将降大任于斯人也，必先苦其心志，劳其筋骨，饿其体肤，空乏其身，行拂乱其所为，所以动心忍性，增益其所不能。”阻力越大动力越大。君子以自强不息，乾坤在手，燮理阴阳，践中庸之道，唯君子得之。

风雨是成长的助推剂；挫折是前进的发动机。只有懂得“吃得苦中苦，方为人上人”“宝剑锋从磨砺出，梅花香自苦寒来”的道理，我们才能在面对不佳的际遇和人生的坎坷时，以豁达乐观的态度，在磨难中经受磨砺，化蛹成蝶，凌空飞翔，从而让卑微的生命放射出夺目的光彩，进而使自身的能力和才华得以发挥和提高。

人生最难的，是在逆境中也不放弃希望

树的方向，由风决定；人的方向，则由自己决定。面对逆境，是痛苦地坐以待毙，还是想方设法自救？是自怨自艾，还是自强不息？对此，不同的人有不同的态度，而你的态度决定了你将成为什么样的人，拥有怎样的人生。

人生最难的，是在逆境中也不放弃希望，因为很少有人能够在明知道没有希望的情况下依旧还坚持寻找希望。故而，我们常常能从年长的人口中听到这样一句话——“人啊！最好不要和命运抗争！”然而，若没有抗争的力量与勇气，又如何能有逆袭的成功呢？世上发生的所有奇迹，都是由抗争中诞生的；而世上一切的成功，则都是从煎熬中造就的。

心中若能长存希望，那么即便身陷逆境也并不可怕，因为真正能够打败我们的，从来就不是人生路上的困难与挫折，而是我们在面对逆境时的心存畏惧、怨天尤人和坐以待毙。而对于真正强大的人来说，逆境恰是转机，困难恰是阶梯，无论前方是什么，他们都能冷静面对、认真思考，从而在一次次的化险为夷中实现新的飞跃。

卡洛斯是美国加州一位善良勤劳的农民，他看上了一片农场，但当他买下那片农场后才发现自己上当受骗了，因为那块地既不能够种植，也不能够养殖，能够在那片土地上生活的只有响尾蛇。

尽管很难过，但是卡洛斯认为事情已经这样了，愁苦也没有用，不如想办法把那些“坏东西”变成一种资产吧！很快，他发现一条好的出路，所有的人都认为他的想法不可思议，因为他要把响尾蛇做成罐头。

现在，卡洛斯的生意做得非常大，不单罐头卖得好，他还将响尾蛇身上取出来的蛇毒，运送到各大药厂去做蛇毒的血清；再把响尾蛇皮以很高的价钱卖出去，做女人的皮鞋和皮包……后来，每年去卡洛斯响尾蛇农场参观的游客差不多就有上万人，这个村子现在已改名为加州响尾蛇村，成为了旅游景区。

买下一块不能够种植也不能够养殖的农场，这对任何一个人来说都是一件糟糕的、无可救药的事情。值得庆幸的是，卡洛斯是一个大气之人，他够从容淡定，够豁达乐观，这种积极的心态带来了积极行为，结果化危转机，糟糕的事情变成了受益无穷的资产，他成功地走出了逆境。

别怀疑，这样的“逆袭”并非不可能。幸与不幸，其实一切都在于我们的态度。当遭遇逆境时，如果我们不是站在原地自怨自艾、自甘沉沦，而是努力地寻找解决方法，很快就会发现，那些一直困扰自己的问题都不是问题。不同的人有不同的解决方法，这正是成功者与普通人之间的重要区别。

关于这一点，著名的美国电影《肖申克的救赎》中的主人公安迪同样也做了印证。

故事发生在1947年，很有前途的青年银行家安迪因妻子被杀，被误判无期徒刑，关进了美国肖申克监狱。安迪知道自己是无罪的，他寻找线索、时机，准备洗刷自己的清白，但当获知妻子被杀的真相以及政府腐败、官匪同流合污时，他知道自己根本不可能通过正常法律程序洗清冤名，只能选择越狱。

肖申克监狱守备森严，犯人们想要逃跑出去，恐怕只能是一个美好的理想化的空谈！面对这种逆境，安迪没有精神崩溃，焦虑不安，而是认为“每个人都是自己的上帝。如果你自己都放弃自己了，糊涂地坐以待毙，还有谁会救你……希望与信念是不可战胜的，可以令你感受自由。强者自救，圣者渡人。”

为了争取自由和梦想，安迪努力控制和调适自己的情绪，高度机警、睿智思考、巧妙回旋，寻找契机。他用了一把刻石的小板斧，20年持之以恒地挖掘通道，终于逃出了监狱，追求到了自由和希望——蓝天白云下，安迪在另一个国度，以另一个崭新的名字、身份，开始了他向往已久的航海生涯。

在身陷绝境的情况下，那些囚犯早就放弃了希望，甚至认为“希望只会让人痛苦”，但是安迪并没有失去希望，更没有一蹶不振，而是心中一直坚持对自由的希望，他冷静地寻找着“出口”，一毫米、一厘米地靠一个小板斧挖掘越狱通道，坚持不懈地挖了整整20年，最终越狱成功，摆脱困境。

逆境在某种程度上等同于危机，“危机”是由“危”和“机”两个字构成的，而其中的“机”就是机会的意思，也就是说逆境并非是百分之百的危险，里面蕴藏着步步活棋，有无限的契机在里头。身在逆境之中，如果我们不甘沉沦，没有退缩，而是主动采取积极的行动，从“危”到“机”的转变并非难事。

在漫漫的人生旅途中，谁都难免陷入各种危机中。其中，有不少人因失意而抱怨，因无奈而退缩，郁郁寡欢；但也有不少人在逆境中不放弃，化危为机，自谋生路，践行了“祸兮，福之所倚”的人生哲理。所以，不管什么时候，在什么场合，发生了怎样难以解决的事情，我们都不应自怨自艾，任由事态肆意发展。只要主动采取积极行动，我们就一定能走出枯竭之境，成就全新的辉煌。

今天的“屈”，是为了明天的“伸”

做人应当能屈能伸，这不仅是一个人的胸襟问题，更需要非凡的睿智和勇气。聪明的人从不会计较一时的得与失，也不会为暂时的屈辱或荣耀而动容，因为他们所考虑的，更多是以后长远的发展及最终的胜利，故而能忍常人所不能忍，成他人所未成之事。对他们来说，今天的“屈”，为的正是明天的“伸”。

“屈”是一种眼光和度量，是深刻而有力量的，是雄才伟略的表现。一个人若是达到了屈伸自如的境地，那世界上的困难、厄运和耻辱，于他而言便都不再是阻碍，因为只要摆正了心态，那么一切的煎熬就都能在屈伸的转换中化作奋起的力量。能做到这一点，又怎么可能不成功，怎么可能不蜕变为真正的强者呢?

历史上多少风云人物、英雄豪杰都因能屈能伸而叱咤风云，所向披靡。张公艺九世同居，只以忍为题目；张良忍辱下桥取履，终为帝王之师；韩信忍胯下之辱，统帅百万大军，终于拜将封王；刘备隐忍苟活，寄人篱下，终成帝王大业；司马懿忍辱负重，终挫诸葛亮之计谋……

中国有个成语叫“忍辱负重”，不忍辱又怎能负重？尤其是形势对自己不利的情况下，唯有含垢忍辱，才能迎来绝地反击的机会。

说到“忍辱负重”，历史上最能“忍辱”的人恐怕当属周文王姬昌了：

商朝末年，商纣王对内沉溺酒色，奢靡腐化，对外残忍暴虐、荼毒四海，使得民不聊生，国势日渐衰微。而生活在陕西渭水流域的周族首领姬昌，广施仁德，礼贤下士，发展生产，深得人民的拥戴，结果被殷纣王怀疑不忠，而被囚于羑里城（今河南安阳），而且一关就是七年。

姬昌入狱时已是80多岁的老人，他深知自己处境险恶，到处都是纣王的眼线，所以言行举止十分谨慎，饭不多吃一口，话不多说一句，白天做苦役，晚上睡地窖。有人与之交谈时，他必先拜谢纣王的不杀之恩，表现得十分虔诚。但是，纣王却以种种野蛮手段对其进行侮辱和折磨，最狠毒的就是将姬昌的长子伯邑考残忍杀害，烹成肉羹，派人送给姬昌食用，以检验姬昌算卦是不是准确。

姬昌看到肉汤，知道这是爱子的血肉，也很清楚这是纣王来试探他，如果不吃，纣王必定会猜疑，将立即加害于己，于是他强忍悲痛，装作若无其事地把肉汤喝了。纣王听了汇报，自鸣得意地对手下人说：“谁说姬昌是圣人？喝自己儿子的肉煮成的汤都不知道！”从此，放松了对姬昌的警惕。

就这样，姬昌在被囚期间潜心研究，发奋治学，最终完成了六经之首，后影响深远的《周易》。除此之外，他也完成了举兵伐商的伟大构想。后来，回到自己的领地，他暗中招兵买马，扩充势力，带领儿子姬发（即周武王）与纣王对抗，终使纣王大败无路，纵火自焚，进而建立了大周朝。

七年之役，喝子之汤、食子之肉，这需要何等的忍耐力啊？只能说姬昌能够“忍难忍处”，胸藏智识，腹隐韬略。故“古之所谓豪杰之士，必有过人之节，人情有所不能忍者。匹夫见辱，拔剑而起，挺身而斗，此不足为勇也。天下有大勇者，猝然临之而不惊，无故加之而不怒；此其所挟持者甚大，而其志甚远也”。

试想，如果周文王姬昌不能舍弃尊位，忍受商纣王的欺辱和折磨，当时一气之下宁折不弯地反抗商纣王、拒食其子肉羹，恐怕性命早就不保了，又哪里还有被放回领地的机会，更别说施展自己的满腹韬略，建立达州的伟业了。正所谓“小不忍则乱大谋”，古有名言，所以也只能忍。

当然，能伸也能屈，舍万乘之尊，这需要大见识、大度量、大胸襟、大气魄。那些缺乏胸襟气度、目光短略的人稍有不顺便不满于心，进而抢天呼地，只能沦为世人的笑柄，成为我们引以为戒的对象。

甲乙两位高等学府的高材生，毕业后同时被一家著名的500强公司招聘。由于两人缺乏实践经验，被安排到车间搞统计，天天和报表打交道，所学的知识派不上用场。乙抱怨工作太累，工资太低，一段时间后拂袖而去，跳槽到别的单位；而甲却坚持留了下来，并每天踏踏实实地工作。

十年后的一天，甲在人才招聘市场，意外地巧遇了乙，此时甲已是这家公司的副总经理，年薪翻了好几倍，而乙连跳十多次槽也未被重用，十年内没有干出任何业绩，还在和十年前一样苦苦寻找工作。

乙非常不理解地问甲："我们在同一个起点出发，为什么现在的成就如此不同？"

"道理很简单"，甲轻轻一笑，回答道："当今高材生比比皆是，用人单位怎敢一开始就重用你，让你'伸'呢，而是要先在'屈'中考验你的本事和品德，一味地弃'屈'，只会导致难'伸'。"

听了甲的话，乙深深地埋下了头，久久无语。

可见，"屈"不等于懦弱，不意味屈服，也不是让人不思进取、逆来顺受，它是暂时的退让，是为了保存和积蓄力量，是在等待反击的机会，是为了寻找更好的策略和道路，是为了求得长久的事业和理想，这就像袋鼠奔跑一样，屈腿是为了积蓄力量，把全身的力量凝聚到发力点上，然后将身跃起，达到最远最高的目标。

无论是选择"屈"还是"伸"，都需要大无畏的精神，有时候"屈"更加需要决心和勇气。因为"屈"往往意味着，要在最黑暗的时刻，最卑贱的时刻，最煎熬的时刻，不去计较面子、身份、地位，也不要急着出头，而是屈辱地坚持活下来，因为这种时刻最容易让人沉不住气，也是最考验人的时刻。

人生之路必然有风起浪涌之时，如果迎面与之搏击，很可能会撞的头破血流，船毁人亡，难有东山再起之日。此时，何不灵活一下，能站起来就站起来，站不起来就见机"屈"一下，哪怕舍万乘之尊，来等待适宜的时机。

坚持走自己的路，别让妥协扼杀生命的精彩

美国著名的心理学家马斯洛曾提出过这样一个论点：每个人都有归属和自尊的需要，即每个人都希望能得到别人的认可，希望别人给予自己肯定和积极的鼓励。这本无可厚非，但如果为此费尽心机，小心翼翼行事，那么很容易就会搅乱自己的心智，难做真正的自己，甚至将自己搞得身心疲惫，进而“扼杀”生命的精彩。

无论在生活中，还是在事业上，坚持走自己的路都不是一件容易的事。不管在什么时候，“异类”似乎总是难以被人接纳，但若是因外界的压力便随波逐流，抛弃自我，那么人生还有什么意义呢？

“莲之出淤泥而不染，濯清涟而不妖，中通外直，不蔓不枝”，北宋著名哲学家周敦颐几句妙笔活化出一副君子形象。至诚的君子人格，是一种始终不渝的执着信念，是一种在任何情况下都能自觉的习惯。君中莲之美，美在纯洁，也美在品格，人亦是如

此，不必一味讨好别人，恪守自己的情操，坚持走一条自己的路，排除外界的干扰和诱惑的路，一个人的伟大之处莫过于此。

正如歌曲中所唱的：“我就是我，是颜色不一样的烟火。”身体是自己的，生命是自己的，灵魂是自己的，人生也是自己的，既然如此，我们就没有必要获得别人的认可、赞同与肯定，更无须太在意别人的眼光，只需确定内心真正的追求，活出自己真实的样子，那便是对生活最好的态度。

对于这一点，著名诗人陶渊明就理解得甚为通透。

公元405年秋天，四十一岁的陶渊明为了养家糊口，在朋友的劝说下，出任离家乡不远的彭泽县令。这年冬天，县里派督邮来了解情况。这位督邮是一个粗俗而又傲慢的人，他一到彭泽县的地界，就派人叫县令马上来拜见他。

陶渊明得到消息，虽然心里对这种假借上司名义发号施令的人很瞧不起，但也只得马上动身前去迎接。这时，有人拦住陶渊明说：“我看你还是先换一身衣服再去吧，我听说参见这位官员必须穿戴整齐、恭恭敬敬，这样才能博得他的欢心，否则他会在上司面前说你的坏话。”

陶渊明听后长长地叹了一口气说道：“我不愿为了小小县令的五斗薪俸，就低声下气去向这些差劲的家伙献殷勤。”说完，他马上写了一封辞职信，离开了只当了八十多天的县令职位，从此再也没有做过官。

从官场退隐后的陶渊明，在自己的家乡开荒种田，过起了自给自足的田园生活。在田园生活中，他找到了自己的归宿，写下了许多优美的田园诗歌：“暧暧远人村，依依墟里烟”、“采菊东篱下，悠然见南山”……最终，这些出色的诗歌将陶渊明推到中国最早田园诗人、著名的文学家的位置上。

为什么陶渊明归隐山中，过着“采菊东篱下，悠然见南山”的悠闲恬淡，而被后人称颂？这正是因为他不愿随波逐流，不肯趋炎附势，杜绝了诱惑，战胜了困难，选择坚持走自己的路，维护了自己的心灵自由和人格尊严。这种轻看权名、不求富贵的淡然让人敬佩，这种旷达也是一种人生的乐趣。

成功学大师卡耐基也曾告诫我们：“发现你自己，你就是你。记住，地球上没有和你一样的人……在这个世界上，你是一种独特的存在，你只能以自己的方式歌唱，只能以自己的方式绘画。你是你的经验、你的环境、你的遗传所造就的你。”保持自我本色和自我风格，才能主宰自己的命运。

有这样一个人，他一心一意想升官发财，可是从风华正茂熬到斑斑白发，却还只是一个不起眼的职员，为此他整天都是郁郁寡欢，每次想起自己的一生就唉声叹气，有一天竟然号啕大哭起来。

一位新同事刚来办公室工作，见此场景觉得很奇怪，便问他为何如此难过。他回答道：“唉，你有所不知，年轻时我的上司爱好文学，我便学着做诗、学写文章，想不到刚觉得有点小成绩了，却又换了一位爱好科学的上司，我赶紧开始研究物理，不料上司嫌我学历太浅，还是不重用我。后来，换了现在这位上司，我自认文武兼备，人也老成了，谁知上司喜欢青年才俊，我……”

“我一直想得到上司的欣赏和重用，为上司们活了一辈子，但是……”说着，这个人又禁不住地哭泣起来，“如今我年龄渐高，过不了几年就要退休了，但是最后却一事无成，你说我怎么不难过？”

故事中的这个人处心积虑地为上司而活，太在乎上司的眼光，一味地讨好上司，随着上司的喜好东一锤子西一棒子，如此没有自我的生活必然是索然无味，苦不堪言的，心也是不得轻松、绵软无力的。

人生最大的失败不是跌倒，而是在不断的妥协中失去自我。生命本就应是精彩纷呈的，并不存在任何一个标准的“模板”，我们完全没有必要为了迎合别人而委屈自己。更何况，每个人的利益都是不一致的，每个人的立场，每个人的主观感受也是不同的，想做到面面俱到，是绝对不可能的！即使我们千般小心万般在意，也照样还会有人不满意。别人怎么看你那是别人的事，有时你明明已经很努力了，可别人还是觉得做的不好，难道你就要一辈子为别人而活吗？

人这一辈子，不一定非要干成什么大事业，但一定得明白自己活着的意义，要对自己所走的路保持清醒的头脑，不必在乎别人的眼光，不必苛求别人的赞赏，如此才能让心灵发出更为笃定的力量，踏踏实实走好每一步，才能明明白白地收获属于自己的幸福，演绎独属于自己的精彩。

无论现在有多难受，请你不要轻言放弃

每个黎明之前都要经历一段最难熬的黑暗，就如每次成功之前，都必定会有一段最为艰辛的道路一般。人生中总会有那么一段路程，需要我们自己忍受着煎熬去行走，但无论有多难受，都请不要轻言放弃，因为唯有守住精神的底线，安静躁动的心神，熨帖狂乱的灵魂，我们才能真正拥有触摸成功的机会，也才能真正为自己的人生迎来风雨后的彩虹。

在煎熬中，屈原悲悯浮生，坚持“举世混浊我独清”，所以它的《离骚》有着博大的胸怀和高远的境界；在煎熬中，李清照任性挥洒，才有了卓绝千古的绝唱，其遒逸之气，俯视巾帼，压倒须眉；在煎熬中，鲁迅先生心系民众苍生，所以他对敌人能够“横眉冷对千夫指”，对人民却又“俯首甘为孺子牛”。

历史学家范文澜先生曾撰写过这样一副对联：“板凳甘坐十年

冷，文章不著一句空”，意思是说，但凡做大学问、成就大事者，必须耐得住寂寞，受得了煎熬。然而，回首于今，我们在生活中所遇之人，大多都是情绪躁动、愤世嫉俗，和前人相距千里。

这是一个浮躁而功利的时代，但也正因为如此，所以我们才更需要拥有内心执着的坚守，能够耐得住寂寞的煎熬。唯有如此，才能在灯红酒绿的繁华和车水马龙的热闹中守住本心，坚持自我，一往无前地走向既定的目标。

有这样一对孪生兄弟，他们生活在同一个家庭，过着同样的生活，但当他们长大后却有着完全不同的状况：哥哥开了个豆腐坊做豆腐，生意做得红红火火，而弟弟却是一个靠偷窃和勒索为生的瘾君子，后来被送进了监狱。

有意思的是，当记者问到他们为什么会有今天的结果时，他们的回答居然惊人的相同：“我出生在一个偏僻贫穷的山村里，日子过得很是清苦，因为要照顾年迈的父母，我只能待在这个鸟不拉屎的地方。你说，我还能怎样？”

由此可见，人生际遇的不同，主要取决于你面对煎熬时的态度。煎熬是一种考验，面对煎熬，有的人能够做出惊人的伟业，有的人却成了它的俘虏；煎熬又是一种坚守，面对煎熬，有的人能够坚守精神的底线，有的人却成了道德的叛徒；煎熬又是一种修炼，面对煎熬，有的人能够感悟出人生的真谛，有的人却跌落进地狱的深渊。

索菲·亚罗兰是意大利的著名影星，光耀夺目的影坛巨星。半个世纪以来，她以动人的风采、卓越的演技给人们留下了七十多部影片，被授予奥斯卡终身成就奖。她的一生正是耐得住煎熬的有力证明。

索菲亚·罗兰是一个私生女，她没有见过父亲，第二次世界大战时年仅六岁的她跟着母亲投奔了那不勒斯的娘家，那是一个贫民区。贫困的处境加之私生女的身份，令索菲亚倍受周围小伙伴们的孤立。没有人打扰、没有人陪伴、没有人分享，索菲亚总是一个人，她睁大眼睛观察着这个世界。

1950年，索菲亚参加了由一家露天夜总会举办的“罗马小姐”评选，引起了著名制片人卡洛·庞蒂的注意，并在其帮助下进入电影界，但由于从未有过专业训练，索菲亚开始参演的只是一些小配角。为了争取更多的角色，索菲亚愈加刻苦练习演技，她将自己关在房间里一遍一遍地看电影，耐住了一个又一个煎熬而漫长的日日夜夜。

谈及煎熬，索菲亚这样说道：“在煎熬中犹如置身在不失真的镜子的房屋里，我正视自己的真实感情，我品尝新思想，修正旧错误，我的内心世界也因此变得更加丰富。”也正是如此，索菲亚始终没有让自己受到太多演艺界急功近利、心烦气躁氛围的影响，也始终没有让名利磨去身上那些单纯的东西，《两个女人》《碧血山河》……她的表演令观众们一次次惊叹、陶醉。

索菲亚·罗兰认为处在煎熬之中，反而更能正视自己的真实感情，品尝新思想，修正旧错误，内心世界会因此变得更加丰富。可见，在煎熬中冷静思索，把煎熬变成一种激励，在煎熬中寻求生命的意义，在磨砺中悟出人生价值的真谛，远比在煎熬中唉声叹气要更有意义。

由此可见，大凡成功者都是耐得住寂寞，经得起煎熬的人。在虚浮人生中，忍受煎熬是一种对灵魂的磨砺，对心态的锻炼。无论现在过得有多痛苦，多难受，只要坚持不抛弃、不放弃，人生便永远都存有希望。受得住煎熬，守得住本心，我们才能迎来人生的自我超越。静中念虑澄澈，见心之真体，这正是生命真正成熟的重要标志。

这正如近代“国学大师”王国唯所说的“人生三境界”：“古今之成大事业者，大学问者，无不经过三种之境界；昨夜西风凋碧树，独上高楼，望尽天涯路，此第一境界也，也是人生寂寞迷茫，独自寻找目标的阶段；衣带渐宽终不悔，为伊消得人憔悴，此第二境界也，也是人生的孤独追求阶段；众里寻他千百度，蓦然回首，那人却在灯火阑珊处，此第三境界也，也是人生实现目标的阶段。”

在这个浮躁的社会里，在人生最易寂寞，最显煎熬的青年时期，懂得品味孤独，学会运用磨难，遇事不浮躁，不退缩，在煎熬中冷静思考人生的方向，并在煎熬中提升生命的价值，方能体会生活的真谛。

你现在所有的煎熬，终将换来美好

人生是慢慢熬出来的，奥地利诗人里尔克说过一句话“挺住就是一切”，这和“熬”的意思差不多，但是“挺”字远没有“熬”那么传神，其实这一句也可以翻译成“熬住就是一切”。尽下心中五谷，熬出人生百味！

无论人生如何艰难，我们都要像熬药、熬粥、熬汤那样，急火烧开慢火熬，武火煮开文火炖，慢慢地熬，耐心地过。在“熬”中增强心智，练就忍耐、沉稳与坚韧，为自己养出一份大气，一份淡然，一份通透。请相信，你现在所遭受的一切煎熬，终将为明天换来美好。

他在政府机关工作了十多年，永远是个秘书，又因为他不是行政编制工作人员，别人发奖金，他没有；同事们都升官了，他原地不动……他从一个风华正茂的小青年，变成了一个年近四十的中年人，他熬老了。

现在，政府里的一位主要领导准备提拔他当局级干部，有人质疑他不能领导好一个局，没有这个能力？该领导回答道：“我说他有的，他有这样的定力，这样的熬功，还有什么困难能再击倒他，打败他？”

一个“熬”字，多少时光岁月流转、多少点滴琐碎。熬是一种能力，更是一种境界——无畏而淡定，宁静而致远，它能将汗水熬成一座金杯，能将生命熬至永恒……把人生这一锅粥熬出精华，最是滋养，最是丰厚，最有余味。

人生是一碗粥，需要慢火慢熬；人生是一碗汤，需要小火慢熬；人生是一碗药，需要温火慢熬——似乎无论把人生比喻成什么，它都是一种经历，都得用漫长的时间去磨炼，这就是“熬”，是每个人都逃不开的历练。

就像作家池莉在散文集《熬至滴水成珠》中所说的：“熬至滴水成珠，本身对人生来说，就是一个美妙景象，是一个美好的修炼过程。”也只有熬过了这场“修炼”，我们才能获得“正果”，让自己有所收获。

来看看丹·波特带领Omgpop走向成功的故事就知道了。

2006年之前，有一个名为I’m in Like With You的网站，这是一个供用户交流和玩游戏的社交网络，用户们可以在这里发布聚会和八卦消息。后来，美国人查尔斯·福尔曼将该网站转型为专业的游戏站点，改名为“Omgpop”，并聘用朋友官丹·波特为Omgpop的首席执行官。

尽管公司位于时尚之都纽约，尽管福尔曼和波特非常年轻，但成立6年的时间中Omgpop公司一共融资1700万美元，开发了35款游戏，但是他们的运气似乎总是差了一点儿，这个游戏没能获得主流用户的认可。与公司的前期投入相比，公司收回来的涓涓细流简直就是杯水车薪，只能在不温不火、垂死挣扎中匍匐前进。

眼看公司很可能被迫关门，福尔曼离开了Omgpop另谋发展，波特则选择继续留在公司，他组织起一个五人团队，每天进行游戏研究，他甚至走在街上、待在家中时都在思索如何才能开发出一个好游戏。后来，看到儿子和朋友来回抛接球100次而没有落地，波特突然有了一个开发灵感。

根据这个创意，波特开发出了一款名为《你画我猜》（Draw Something）的游戏。三个星期之后，这款游戏跃升到50多个国家在付费游戏、免费应用、付费应用等应用分类的首位，今天《你画我猜》的下载量已经达到了1000万次，每天有600多万的活跃用户，Omgpop也因此而摆脱多年的低迷状态起死回生。

后来，谈及自己获得成功的原因时，波特不无感慨地回答道："游戏行业就是这样，有时即便你投入了大量的资金，也可能不会有什么成效，这就需要我们有钢铁般的意志，耐得住漫长的等待和煎熬。对于Omgpop，年龄所带来的经验正是其获胜的优势之一，很高兴我们坚持下来了。"

对于OMGPOP公司九死一生的故事，奇虎360董事长兼首席执行官周鸿祎在微博上发出了这样的感叹："成功都是偶然，不要迷信成功学，失败的教训是可以借鉴，所谓成功的经验其实多是马后炮式总结，加上盲目崇拜成功者，成功人士怎么吹都是有道理。如果非要说成功经验就一条——熬出来的。”

“熬”的过程的确是痛苦的，这一点谁都不可否认，但它却是锻造意志力最直接的途径，打造成功最有效的方式。只有内心怀有一份坚定和勇敢的态度，我们才能熬得住寂寞的艰辛，熬得住苦难的沉重，也才能撑得起辉煌的未来。

“熬”字本身就是“难”字，就是“慢”字，就是“忍”字。在这个漫长的过程中，很多人会在其中彷徨不已，焦躁不安，“今天很残酷，明天更残酷，后天很美好，很多人都倒在黎明前”，一句话道破了“熬”的艰辛。

无论人生如何艰难，我们都应像熬药、熬粥、熬汤那样，慢慢地熬，耐心地过。熬是一种能力，更是一种历练。“熬”的过程可以增强我们的心智，练就忍耐、沉稳与坚韧，熬比坚持更让人佩服。

按下浮躁，学会在坚守中等待时机

梅斗霜雪，独立寒枝，那是在等待春天；雪声潇潇，花木入梦，那是在等待晨曦；孤云出岫，一无所系，那是在等待彩虹……等待是把握时机，审慎出击的一种智慧；等待是暂时忍耐，默然悲喜的一种胸怀。一个人想要成功，除了拥有卓越的能力、坚定的意志外，还要拥有一种善于静观其变、等待时机的心智，懂得按下浮躁，在坚守中等待时机。

人生旅途有和风细雨、丽日蓝天，自然也有惊涛骇浪、狂风暴雨，而这样的跌宕起伏往往很容易就会使我们陷入一种虚浮的状态中，这时候，我们不该日日苦闷，郁积于心，或是放浪不羁，自暴自弃，而是要学会等待，等待，再等待。等待是煎熬，却也是机遇，只要熬过了，那便是人生最美的四月天。

有这样一个故事：

春暖花开的时候，三只毛毛虫在河边散步，它们想到河对岸看看繁花似锦的景色。大毛毛虫说要绕过河去赏花，二毛毛虫说要找片树叶漂过去，三毛毛虫一言不发，静静待在原处。几天后，大毛毛虫累死在路上，二毛毛虫被河水淹死了，三毛毛虫却等待着，直到自己结成了一个茧，然后破茧成蝶，扑着翅膀，飞到了对岸花丛中。

是呀！没有船也没有桥，毛毛虫想过一条河谈何容易，简直与登天别无两样。大毛毛虫和二毛毛虫急于求成，强行通过，结果一个累死一个淹死。三毛毛虫选择了等待，耐心地等待，随着时机的到来，它展开美丽的翅膀飞到对岸。

这个故事寓意犹长，如果想要办成一件事情，倘若时机尚未成熟，就需要耐心地等一等，不要轻举妄动，否则欲速则不达，反倒劳而无功。

然而，等待不是消磨时光、无所作为、庸庸碌碌的“等待”，而是按兵不动，静观其变，在等待中选择更好的观察视角和更恰当的机会，默默的坚守信念，静静的等待时机。等待时机，是怎样的时机？是天时之机，是地利之机，是人和之机，是一旦要动，就是一跃千里，水到渠成。

例如，楚庄王莅政三年，表面故意不理朝政，实则在分辨忠臣奸臣，他顶着压力和嘲讽，“不鸣则已，一鸣惊人”，终成春秋霸主之一；少年康熙深知自己斗不过鳌拜，表明上看来整日与一群亲贵子弟以布库为戏，实则不动声色地操兵练将，最后一举铲除鳌拜集团，开辟“康熙盛世”。

1983年印度人拉克希米·米塔尔靠进口发电机发迹，可没过几年印度政府以保护国内产业的名义，禁止发电机的海外进口贸易，他的事业陷入了“低谷”。不过，米塔尔没有气恼，他慷慨地给了自己一个“假期”，走访了韩国、日本、中国台湾等地区，结果寻找到了一个新的经营项目——按键式电话机。

按键式电话机在印度一上市就成了炙手可热的商品，但是米塔尔的电话业务因政府政策的变化再次陷入了困境：印度政府将按键式电话机的生产国产化，并对手机服务商进行公开招标。公开招标的主要对手是包括知名跨国企业在内的印度大型企业，米塔尔的公司与他们相比简直就是小巫见大巫，结果政府将垄断权授予了那些大企业。

这次，米歇尔依然没有抱怨，而是悄悄准备，等待时机，他集中精力制定手机业务的总体规划，并争取与一些著名的外国企业结盟。他认定，那些国际财团在招标上花费了巨额的费用，在几年内会面临巨大的经济危机，甚至破产。

果然，1999年印度手机服务业遭遇了严重的危机，许多通信企业因为无力交纳与政府约定的巨额许可证费用而纷纷倒闭。米塔尔认为“时机已到”，于是低价买进了那些公司的许可证，一口气获得了安德拉、加尔各答、孟买、喀拉拉等地的手机服务经营权，一举成为了印度电信的帝王。

米塔尔之所以能够以强大的气魄敛入财富，取得“帝王”的名声和地位，正是他不断积攒实力和耐心等待的结果，正如他在一次演讲中所说：“没有捷径让一个人一夜暴富，成功需要不懈努力。”

在当今社会，不计其数的人因不甘于济济无名的现状，急功近利、鲁莽向前、趋炎附势，这已经成为现实生活中最常见的心态与姿态。相比之下，静观其变、等待时机、养精蓄锐也好，韬光养晦也罢，就越发显得弥足珍贵了。可惜的是，真正能身体力行做到这一点的人很少，也正是因为这样，所以在生活中，成功的人永远只是少数。

人要沉得住气看待世事，观其动静思其道理，正是有了这种“坐看风云起，静观诸事变”的态度，我们才能真正做到超脱世俗，以豁然开朗的眼光和态度去看待人生，并且能够在静静地等待中成就惊世骇俗的豪壮，实在是美哉，善哉！

无论何时都请记住，想要办成一件事情，如果时机尚未成熟，就不要急着去行动，耐心地等上一等，只要熬过了这段时光，才有可能迎来一飞冲天、振翅翱翔的机遇。按下浮躁，学会在煎熬中等待时机，然后才能一击即中，叩开成功的大门。

辑五

跃迁：行走职场，把工作修炼成你想要的样子

工作，大家都在工作，可是有的人把工作越做越好，而有些人则数十年如一日。对于有些岗位来说，数十年如一日是夸奖；而有些岗位，数十年如一日是一种侮辱。

数十年如一日，一直没有进步，原因在哪里？除才能外，最大的原因就是态度。当一天和尚撞一天钟是一种态度，勤勤恳恳、兢兢业业也是一种态度，究竟哪种能让你进步？显而易见。

要是“高不成”，那就暂且“低就”吧

但凡有点本事的人，谁不渴望得到重视和重用，甚至一步登天、青云直上呢？但在现实生活中，这样的好事却不是人人都能碰到的，就像罕有的运气，只会降临在极少数人的头上。至于绝大多数人，哪怕再有能力，再优秀，通常也都逃不过一步一个阶梯的煎熬与等待，只能耐着性子，一步一步地走完那条漫长的成功之路。

这其实是很正常的现象，无数的成功者都是这样一步步熬过来的。但是总有那么一些人，自身或许确实有些本事，却耐不下浮躁的性子，总是自视甚高地觉得自己被轻视或蔑视了，不能坦然自若地面对成功前的等待与煎熬，稍有不顺便开始感叹命运坎坷，大材小用，不思进取，沉沦、懦弱甚至畏缩，有了这样的心思和态度，哪怕自己真是个杰出的人才，恐怕也难得到更大的发展舞台。

马楚是某名牌大学新闻系的高材生，他思维敏捷，才华出众，又很自信，毕业后顺利被分配到了一家省级报社工作。马楚一直想当一名针砭时弊、实事求是的记者，怎奈领导只分配他做一些校对文稿的工作。

校对文稿是一项最基本的工作，整天需要待在办公室，又非常需要认真和耐心，这让一心想干一番大事业的马楚感到非常不爽，他终日提不起精神，对工作毫不认真，敷衍了事，结果经他校对的文稿错误百出。

领导原本非常认可马楚的才学，之所以让他先做校对文稿，是有意锻炼他的耐心与毅力。现在，他见马楚连文稿都校对不好很是失望，心想连最简单的工作都做不好，还能干什么重要的工作呢？于是就将之辞退了。

正所谓“积弱图强，守弱保刚”，人生没有任何一条路是平整到毫无坑洼的，但我们却不能因为坑洼而拒绝前行；世界上也没有任何一片土地是平坦到没有低谷的，但我们也不能因为低谷而放弃大河山川，否则迟早会栽跟头。“低就”就像是路上的坑洼与低谷，若不能熬过去，那就更别指望“高成”了。

生活中那些能够取得较大成就和成功的人，大多数都并不是一开始就能居于高位的，他们也未必都拥有一步登天的本领。他们的成功之路同样少不了经历低谷和煎熬，只是他们都坚强地挺过去了，在不被重视和重用时不甘沉沦，没有退缩，坦然自若地低就，不断地完善自我，天天有进步，月月有提升，年年有改变，如此“高成”自然是指日可待。

关于这一点，香港著名的电影演员兼导演周星驰给我们树立了一个良好的典范。下面，让我们一起来看看他是怎样看待事业不顺、倍受冷落的时期，又是如何一步步从默默无闻走向成功的。

1982年春出于对表演的喜爱，未满二十岁的周星驰拉上朋友梁朝伟报考无线电视艺员11期训练班，结果陪玩儿的梁朝伟一举高中，热情澎湃的周星驰却落了榜。既然不被赏识，是放弃吗？退缩吗？没有，周星驰几经周折挤进了艺员训练班的夜间部，然后开始了他学习表演的生涯。

但是，周星驰的荧屏生涯远不如期望中的理想。毕业后他一直期盼自己能演出有名有姓的角色，但是没有人给他机会，他便开始跑龙套，一部戏中只能露几秒钟的面，最使人熟悉的应是《射雕英雄传》的宋兵乙和梅超风的练功靶子。他尽职尽责地向导演建议“我伸掌挡一下再死吧”，却被呵斥：“快点拍戏，不要话那么多！”……

当时香港跑龙套的时薪计算不足10元，比学生到快餐店当兼职还要少，但是周星驰就这样“跑龙套”跑了七八年。期间，他对自己的演艺事业始终抱有梦想，始终不肯松懈，他揣摩经典影片，精读理论，钻研演技，终于他被导演李修贤发现了，凭借《霹雳先锋》一炮走红，之后他主演的电影《逃学威龙》《国产凌凌漆》《功夫》《食神》等几乎都进入香港票房前十名。

“其实我是一个演员”，《喜剧之王》这部电影可以说是周星驰当年跑龙套的心态写照。他这样谈及自己的这段经历：“没有人生下来就是大明星，但即使是扮演再普通的小角色，你也要用心把他演得最出色，在多年跑龙套的辛酸经历中，我不断地学习和积累，最终从默默无闻到一鸣惊人。”

“没有人生下来就是大明星，但即使是扮演再普通的小角色，你也要用心把他演得最出色。”换句话说，周星驰之所以取得了成功，就是在于他可以最大程度的“低就”，踏踏实实地从基层干起。获得一个锻炼自己的平台，既可以从中获得经验与资历，又可以借此展现自己的能力和才华，新的机会自然向他走来。

没有一个士兵生来便是将军，没有一座高楼无地基而屹立百年，这其中的变幻莫测就像没有人能预测丑小鸭会变成白天鹅一样，同样没有人能想到当年那个跑过无数个“龙套”的周星驰，有一天真会成为家喻户晓的“喜剧之王”。在漫长的“低就”路上，若是没有顽强的意志和强韧的坚持，又何来耀眼的成功与光环呢！

在“高不成”的情况下，我们更应当学会“低就”，踏踏实实地从低处做起。古语云“千里之行，始于足下”，第一步或许渺小，或许遭到众人的嘲笑，但若好高骛远，仅想高成，妄想一步抵达千里之行，而不放平心态，迈出那不起眼的第一步的话，是不可能完成千里之程的。

“低就”不是不思进取和沉沦，更非懦弱和畏缩，而是在客观上给我们创造一种机遇，在“低就”中积蓄力量，调整心态，磨练意志，锻炼能力，我们才会有不一样的改变。“趁雷欲上九霄，蓄势而待发”，低就是为了更好的高成。

通往成功的道路向来都是呈螺旋或阶梯式前进的，有高潮的时候也有低落的时候，这就像空中飞翔的海鸥一样。海鸥飞翔的时候，不是像大部分鸟儿一样直飞向天，而是需要经过很长一段时间缓慢的、低飞的滑翔才慢慢地张开翅膀，然后一下子飞向天际，穿云破雾，上下盘旋……

世上从来就没有一蹴而就的成功，保持一份坦然豁达的态度，在“高不成”时暂且“低就”，不轻视自己所做的每一件事，坚持不懈地努力，这是一种处事的智慧，更是一种豁达的人生态度，如此，才能完成“高成”的完美蜕变。

找准靶子，有目标才能有将来

美国哈佛大学曾做过一项非常著名的关于目标对人生影响的调查，他们对一群智力、学历和环境等都差不多的年轻人进行了长期的记录。刚开始的时候，调查的结果是90%的人“没有目标”，6%的人有目标但目标模糊，只有4% 的人有非常清晰明确的目标。

20年后，研究人员对当初的这些年轻人进行回访，结果表明，4%有明确目标的人，生活、工作、事业都远远超过了另外96%的人。更不可思议的是，4%的人拥有的财富，超过了96%的人所拥有财富的总和。

可见，很多时候，成功其实是一种选择，你选择什么样的目标，找准什么样的靶子，就会拼出什么样的将来，拥有什么样的人生。目标既是我们成功的起点，同时也是衡量我们是否成功的标尺。

大哲学家亚里士多德说过：“明白自己一生在追求什么目标非

常重要，因为那就像弓箭手瞄准箭靶，我们会更有机会得到自己想要的东西。”的确，提前给自己设立一个目标，就如同找到了一个看得见的“靶子”，有了“靶子”，我们就不会迷失前行的方向，并且最大可能地激发潜能，从而主宰并掌控自己的命运。

有这样一个故事，说的是关于西撒哈拉沙漠中的旅游胜地比赛尔。

在很久以前，非洲西撒哈拉沙漠深处，有一片与世隔绝的贫瘠绿洲，当地人称之为比赛尔。这儿的人从来没有走出过茫茫大漠，不是他们不愿意，而是无论他们怎么努力都没法走出去。那些人在一望无际的沙漠里，只会走出许多大小不一的圆圈，最后的足迹十有八九是一把卷尺的形状。

后来，一位叫肯·莱文的西方探险家来到了这里，比赛尔人告诉他这个“走不出去”的魔咒。莱文当然不会相信，他从比赛尔向北走，不到10天就走出了沙漠！为了弄明白比赛尔人为何走不出去，莱文回到比赛尔特意雇了一个当地人让他在前头带路，自己跟在后头走。10天过去了，走了近1000里路，他们还在沙漠里头转，第11天的早晨两人居然转回了比赛尔村！

莱文终于明白了，比赛尔人世世代代走不出大漠，是因为他们根本不认识北斗星！

比赛尔人是不幸的，他们的不幸在于找不到行走的参照物，自然也就找不到正确的方向，必然地找不到出路，于是世世代代被茫茫大漠和自身的无知所囚禁；比赛尔人又是幸运的，因为肯·莱文带着他们走出了宿命和无知的困境，从那以后成千上万的旅游者给他们送来了物质和知识的财富。

这个故事虽然短小，却告诉我们一个深刻的道理：一个人如果一开始就不知道他要去的目的地在哪里，那么即使他再渴望成功，有再强大的信念，他也永远到不了想去的地方，只能被困在原地打转。这一点在职场之上尤其如此，如果没有相应的职业目标和职业规划，那么无论个人能力有多强，恐怕都难以在事业上取得成就。相反，若是我们能为自己设定一个职业目标，那么这个目标就会像引航的北斗星一样引领我们驶出黑暗，驶向成功，将工作打造成为我们理想中的样子。

美国纽约大都会街区铁路公司的总裁弗兰克就是循着这一条不变的途径抵达成功的。谈及自己成功的经历，弗兰克说："在我看来，对一个有目标的年轻人来说，没有什么不能改变的，也没有什么不能实现的，而且这样的人无论从事什么样的工作，在什么地方都会受到欢迎。"

由于家境贫困，13岁的少年弗兰克没有上过几天学便提早进入了社会，他要求自己一定要有所作为。那时候，他的人生目标是当上纽约大都会街区铁路公司的总裁。很显然，对于少年弗兰克而言，这是一个很难实现的目标。

不过，为了这个目标，弗兰克从15岁开始就与一伙人一起为城市运送冰块，他不断地利用闲暇时间学习，并想方设法向铁路行业靠拢。18岁那年，经人介绍，他进入了铁路行业，在长岛铁路公司的夜行货车上当一名装卸工。尽管每天的工作又苦又累，但弗兰克始终认真积极地对待自己的工作，他也因此受到赏识，被安排到纽约大都会街区铁路公司干铁路扳道工的工作。

弗兰克感觉到自己正在向铁路公司总裁的职位迈进。在这里，他依然勤奋工作，加班加点，并利用空闲时间帮主管做一些统计工作，关于火车的赢利与支出、发动机耗量与运转情况、货物与旅客的数量等。“不知道有多少次，我不得不工作到午夜十一二点。做了这些工作后，我已经对这一行业所有部门的情况了如指掌。”弗兰克回忆说。

但是，扳道员工作只是与铁路大建设有关联的暂时性工作，工作一结束，弗兰克面临着离职的危险。于是，他主动找到了公司的一位主管，告诉对方自己希望能继续留在公司做事，只要能留下，做什么样的工作都可以。对方被他的诚挚所感动，把他调到另一个部门去清洁那些满是灰尘的车厢。不久，他通过自己的实干精神，成为通往海姆基迪德的早期邮政列车上的刹车手。

在以后的岁月里，弗兰克始终没有忘记自己的目标，他不断地补充自己的铁路知识，废寝忘食地工作着，他每天负责运送100万名乘客，却从没有发生过重大交通事故，最终弗兰克终于实现了自己成为总裁的目标。

目标是构成成功的基石，是成功路上的里程碑。弗兰克成功了，他把目标当成自己制定的人生的一个“靶子”，给自己指明了前进的方向，并且长时间地调动了奋斗的激情，进而为人生抹上了精彩的一笔。

在现实生活中，常常能听到很多人抱怨自己工作努力却没有回报，也得不到上司的肯定和重用。这种时候，与其抱怨，其实更应该停下来好好反思一下，自己是不是没有一个明确的工作目标，没有找准自己的人生舞台，以致东一锤子西一棒子，晕头转向，碌碌无为？

一个心中有目标的人，必然更懂得着眼当前，放眼长久，能够摒除外界的干扰，冷静而理智地思考，找准自己的人生舞台，而不至于在迷失自我的泥沼中团团旋转。因此，即使他们开始的时候再普通，也一定能依靠目标成为成功的创造者，这也是成功者之所以成功的先决条件。

眼光决定你能爬多高，胆量决定你能走多远

人的一生就像是一座大厦的落成，最终的高度往往取决于我们打地基时的最初眼光。什么是眼光呢？眼光就是辨别是非好坏的能力，寻找个人发展的方向，寻觅经营的落脚点。这就好比在海上航行，一旦看偏，航道上就处处是明滩暗礁，步履维艰；一旦看准，航船就乘风破浪，一日千里。

做大事不能没有眼光，有眼光加上有胆量，才能闯出一番新天地。具有“眼光”的人，就好像戴上了望远镜，肯定能比他人看得远，看得清。

拿破仑说：“不想当将军的士兵不是好士兵。”大千世界，多少庸庸碌碌一事无成之人，多少平平凡凡一生普通之人，又有多少功成名就矢志不渝之士，追其原由无外乎是眼光的长度和胆量的大小，是想当将军、士兵还是逃兵，取决于你自己的胆量。

拿破仑·波拿巴是法兰西第一帝国的缔造者，是众多人心目中的英雄楷模，他说过一句经典的话："不想当将军的士兵不是好士兵"，这句话不仅激励了他自己能够奋发向上从而走向成功，也使我们领略了英雄之大气风范。

1769年，拿破仑出身于地中海的小岛——科西嘉，他的家族是一个意大利贵族世家，但是在科西嘉岛被卖给法兰西王国后，拿破仑父母被视为当时的"科独"（科西嘉独立）激进分子，日子过得相当清贫。年少的拿破仑对父母说："我们不要在这块小地方上为生活忙碌了，现在的拿破仑不再是科西嘉的拿破仑了，而是世界的拿破仑。"

9岁时，拿破仑在父亲的安排下到法国布里埃纳军校接受教育，这是一所贵族学校。在那里，与拿破仑往来的都是一些夸耀自己富有而讥笑他穷苦的同学，"你以为在贵族学校上学你就能成贵族了吗？不可能！"这种讥讽深深地刺伤了拿破仑，他既愤怒又无奈，但是拿破仑一开始自认是一个外国人，一心希望有一天能够让科西嘉从法国独立出去，期间同学的每一次嘲笑和欺辱，都让他增强了决心："我一定要比这些愚蠢的人强，做一个军官让他们看看！"

大多数的同学都在利用多余的时间追求女人和赌博，而拿破仑却把所有的时间都用来读书，设法与他们竞争。图书馆里可以借书，这对于拿破仑而言非常有益，他可以免费充实自己，为理想中的将来做准备。那时候，拿破仑住在一个破旧的房间里，他孤寂、沉闷，却一刻也没有忘记读书，他还把自己想象成一个总司令，将科西嘉从地图上画出来，地图上清楚地指出哪些地方应当布置防范，这是用数学方法精确地计算出来的。长官发现拿破仑的学问很好，便派他在操练场上执行一些任务，而他每一次都能够完成得很好，于是又获得新的机会。就这样，拿破仑慢慢地走上了有权势的道路。

忍受了整整五年的痛苦，1784年拿破仑以优异的成绩毕业后，被选送到巴黎军官学校，专攻炮兵学。此后，他真的成为了一名军官，并且创造了一系列的奇迹：他指挥的50多场战役，只有三场战败，连续五次挫败反法联军，歼灭敌军千万之军。在不到十年的时间里，他征服了大半个欧洲，当然也包括小小的科西嘉……

你看，这么一个又矮又小的科西嘉人，因为他的远见与宽广的胸襟，从而催生了一个强大的法兰西帝国。如果当初没有“我要做军官，要比别人强”这样强大的信念作支撑，他或许就在同学们的嘲笑、贬低声中迷失自己了，更无法取得后来的丰功伟绩，恐怕历史也就要被重写了。

李先生和王先生同在一家台资企业做事，他们都有很高的学术成就，有出色的工作能力，而且工作认真勤奋，但是待遇却大为不同。李先生屡次被老板提拔，王先生却一直在原地踏步，这使王先生大为不解。

一天，李先生和王先生一起驱车到外地出差。王先生发动了汽车，空中有些雾，路上的车子很多，走得有些慢。过了十几分钟，雾越来越大，路况都看不太清了。李先生倒不着急，一边由着王先生如蜗牛似地在车流中慢慢地爬，一边和他说着话。

“在这样的大雾天气开车，你怎么样才能走得更安全？” 李先生问道。

王先生说，“只要跟着前面车子的尾灯，就没什么事。”

李先生沉默了一会，突然问，“如果你是头车，你该跟着谁的尾灯呢？”

王先生听了，心中一阵悸动，是呀，如果自己是头车，又有谁会给自己指路？李先生的言外之意他一下就领悟了：你应该用自己的慧眼，看清前面的路该怎么走，用自己的头脑来分析利弊，选择自己的方向。

这以后，李先生工作得更加出色了，没多久他就发现了一个新的别人没有开拓的创业领域，通过自己的奋斗和敏锐的商业头脑，很快就成功了，他的成功秘诀只有短短的一句话：“做别人的尾灯。”

做事如果没有好的眼光，没有足够的胆量，只会跟在别人的尾灯后面，那么无异于画地为牢，裹足不前，是永远不会领头的。有时可能会走到路的终点，但是当你再重新走一遍的时候，也许自己会迷路，因此无论在何时都要用自己的慧眼，选择自己的方向，认清前行的方向，才能正确地找到自己的目的地。

所以，在职场打拼，一定要牢记：眼光决定了你能爬多高，胆量则决定了你能走多远。想要爬得高又走得远，就要学会培养长远的眼光，懂得培养奋勇向前的勇气。既能对事业的发展有前瞻性，又敢迎难而上地去拼搏，如此又何愁不会成功呢？

想做大事，
得从规划人生开始

美国作家阿兰·拉金在自己的著作《如何掌控你的时间与生活》一书中这样写道："一个人如果做事缺乏计划，靠遇事现打主意过日子，他的生活就只有'混乱'二字，这也就预示着失败。相反，有些人每天早上预订好一天的事情，然后照此实行，他们就是生活的主人。"

不管做什么事情，要想做好就必须要懂得做计划，事业是这样，人生同样也是这样。人的时间是有限的，经不起浪费与挥霍，要想做大事，我们就得将生命中的每一分钟都利用起来，让它们能够发挥出最大的价值，从而为我们创造出最大的效益。

一起来看看尹梦的故事：

尹梦把所有的精力都放在音乐创作上，梦想着有朝一日做个出色的音乐家，但由于缺乏足够的经验，对偌大的音乐界有些陌生，她在音乐方面的发展不顺遂，时常不知道自己的下一步该如何走，一会雄心万丈，一会随波逐流。

“唉，我甚至不知道自己下个星期该做什么？”尹梦将自己的迷茫倾诉给了大学老师。

“想象你五年后在做什么？”突然间老师冒出了一句话，“别急，你先仔细想想，完全想好，确定后再说出来。”

沉思了几分钟，尹梦回答道：“五年后，我希望能有一张唱片在市场上，而这张唱片很受欢迎，可以得到许多人的肯定。”

“好，既然你确定了，我们就把这个目标倒算回来”，老师继续说道：“如果第五年你有一张唱片在市场上，那么你的第四年一定是要跟一家唱片公司签上合约，那么你的第三年一定是要有一个能够证明自己实力、说服唱片公司的完整作品，那么你的第二年一定要有很棒的作品开始录音了，那么你的第一年就一定要把你所有要准备录音的作品全部编好曲，那么你的第六个月就是筛选准备录音的作品，那么你的第一个月就是要把目前这几首曲子完工，那么，你的第一个礼拜就是要先列出一整个清单，排出哪些曲子需要修改哪些需要完工，对不对？”

听了老师的话，尹梦犹如醍醐灌顶，恍然如梦，高兴地说道：“好了，我现在已经知道下个星期要做什么了！”

如果要问一个人有什么理想，很多人会不假思索地脱口而出。但若问怎样规划自己的未来，就很少有人能明确详细地答复出来了。计划太大，就容易感觉自己什么都可以做，但又什么也做不了。许多很好的发展机会就在这种自我犹豫、自我怀疑中失去了，这就是为什么成功的人总是少数。

人生需要计划，但这些计划要像上楼梯一样，一步一个台阶地走。大计划未雨绸缪，小计划查漏补缺。把大计划分解为多个易于达到的小计划，这样才能充分调动自己的潜能，并且脚踏实地向前迈进，走得稳，走得远。

理查斯·舒瓦普是伯利恒钢铁公司的总裁，由于这是一家拥有十几万员工的大型跨国公司，每天的工作就像雪片一样，舒瓦普不得不整天忙来奔去的，他越来越感到力不从心，更为公司的低效率所担忧。怎样才能改变这种不良状况呢？舒瓦普左思右想，一筹莫展，最后决定花费重金去向效率专家艾维·李寻求帮助，希望对方可以教给自己一套可以在单位时间内完成更多工作的方法。

艾维·李对舒瓦普说："好！我10分钟就可以教你一套至少可以把工作效率提高50%的最佳方法，如果你觉得方法确实管用的话，到时你就给我寄一张支票，并填上一个你认为合适的数字。"是什么方法让艾维·李对自己如此有把握呢？他给出的方法是——"你今晚需要做的事情就是把你明天要做的工作计划一下，按重要程度编上号码，最重要的排在首位，以此类推，早上一上班，马上做第一项工作，然后再做第二项工作、第三项工作……直到你下班为止。"

一周之后，舒瓦普填了一张25000美元的支票寄给了艾维·李，因为他这一周的时间整整做了原来两周才能做完的工作。25000美元？人们纷纷惊讶于这个高额的支票。对此，舒瓦普解释说："是的，艾维·李确实已经教会了我提高工作效率的秘诀，我认为这

25000美元是我经营这家公司多年来最有价值的一笔投资！”

舒瓦普的事例告诉我们，做好工作计划对于提升工作效率具有显著的作用。的确，那些善于做计划的人，即使面对再繁杂的事务，他们也能够安排得井然有序、应对自如，进而取得极高的工作效率。许多颇有名气的商界精英更是如此，凡事多做计划，先思考后行动，磨刀不误砍柴工被列为公司成功的一个重要原因。

在现实生活中，许多人总是活得浑浑噩噩，被时间追赶着奔跑在人生的旅途中，看似忙碌，未来却只有一片迷雾。或奔波于上下班途中，或穿梭于单位各部门之间，或坐在电脑旁处理一大堆文件、材料……繁忙的工作任务、沉重的压力和责任，是不是让你觉得工作杂乱无章、没有效率，似乎永远没有出头之日？

你想改变这种状态吗？答案当然是“想”，可我们又该如何做呢？其实答案很简单，试着为自己每天制订一个工作计划！工作计划就是对即将开展的工作的设想和安排，如提出任务、指标、完成时间和步骤方法等。有了计划，工作就有了明确的目标和具体的步骤，我们就能增强工作的主动性，减少盲目性，使工作有条不紊地进行。

当你对未来感到迷茫与困惑时，当你被忙碌的工作所左右，却看不到未来在何方时，不妨先静下心来问问自己：五年后、十年后，我希望自己在做什么，是什么模样？想清楚了这个问题，便可以给人生做一个规划，有了规划，哪怕工作再紧张，生活再忙碌，你也能坦然处之、游刃有余。

不管你现在站在哪儿，请先站好那班岗

人生最幸福的事情，莫过于拥有一份自己感兴趣的事业，并且还能从中赚到钱。所以，很多初涉职场的年轻人在选择自己的职业时，往往会把对工作是否感兴趣这一问题放在第一位来考虑。不可否认，从事自己感兴趣的事情时，我们确实能更好地发挥出自己的才能，提升工作效率，内心自然也会充满愉悦和快乐。

但遗憾的是，并不是所有人都能有机会选择自己真正喜欢的工作。事实上，绝大多数人正在从事的工作，都并非是自己所喜欢或感兴趣的。面对这样的状况，有的人会感到愤怒和烦忧，可是却又无可奈何，于是只能在这种情绪之中自暴自弃，心烦意乱，对工作也总是心不在焉，而这种消极的态度所带来的后果，就是工作效率越发低下，对这份工作也越发厌恶。这样的人最终只能一辈子平平庸庸，而这也正是人生痛苦的根源之一。

先来看一个真实的小故事：

许多年前，一个妙龄少女来到东京帝国酒店当服务员。这是她走上社会的第一份工作，她暗下决心：一定要好好干！但不想上司竟然安排她洗厕所，而且必须把马桶洗得光洁如新！洗厕所？实话实说，这种工作没有谁喜欢干，何况她从未干过粗重的活，细皮嫩肉，喜爱洁净。当她白皙细嫩的手拿着麻布伸进马桶时，胃立即造反，翻江倒海，恶心得几乎呕吐却又呕吐不出来，太难受了，她陷入了困惑、苦恼之中，也哭过鼻子。

正在这时，同单位的一位前辈及时出现在她面前，他并没有用空洞的理论去说教，只是亲自做了个样子给她看了一遍。他一遍遍地抹洗着马桶，直到抹洗得光洁如新，然后他从马桶里盛了一杯水，一饮而尽喝了下去！竟然毫不勉强。同时，他送给她一个含蓄的、富有深意的微笑，送给她一束关注的、鼓励的目光。

她目瞪口呆，恍然大悟，如梦初醒！于是痛下决心：就算一生洗厕所，也要做一名最出色的洗厕工。她一遍一遍地刷着马桶，不放过任何一个角落。当然她也多次喝过厕所水，为了检验自己的自信心，为了证实自己的工作质量，也为了强化自己的敬业心。就这样，她很漂亮地迈好了人生的第一步，开始了不断走向成功的人生历程。如今她已是日本政府的主要官员——邮政大臣，她就是野田圣子。

从野田圣子的故事中，我们可以知道——这个世界，这个工作，这个岗位，不是为了你一个人而存在的。既然已经到了某个工作岗位，就要热爱目前的工作，努力地把这份工作做好。把喜欢的工作做好不算什么，把不喜欢的工作做好才算优秀，这不仅是一种生存的策略，更是一种对人生负责的态度。

美国著名心理学博士艾尔森曾做过一项问卷调查，他访问了100名来自各个国家、各个领域的杰出人士，结果显示，其中61%的成功人士承认他们所从事的职业并非内心最喜欢的，至少不是他们心中最理想的工作，但这61%的人都已经成为了有成就的人，他们在不喜欢的岗位上有所作为了。

为什么会这样呢？这是因为，一份工作是否有趣，并不在于工作本身，而是完全取决于我们对工作的看法。当我们从心底认同一份工作，全力以赴地投入到工作中时，就会很容易地感受到这份工作的意义和乐趣。这就像恋爱一样，这个世界上没有那么多的一见钟情，刚开始时他并不是你梦中的白马王子，但经过深入了解一番后，你会发现他的许多优点，从而喜欢上他，甚至对他欲罢不能。

纽约证券公司的金领丽人苏姗就给我们做了一个很好的榜样。

苏珊出身于台北的一个音乐世家，由于从小耳濡目染，她非常喜欢音乐，期望自己能够一生驰骋在音乐的广阔天地中。但阴差阳错地，她考进了大学的工商管理系。尽管她不喜欢这一专业，但她学得很认真，每学期各科成绩均被评为优异。毕业时，她被保送到麻省理工学院，并拿到了经济管理专业的博士学位，而后她进入了自己并不喜欢的证券业，如今她已是美国证券业界的风云人物。

对此，很多人感到很奇怪，他们问苏珊："你不喜欢你的专业，为何你学得那么棒？不喜欢眼下的工作，为何你又做得那么优秀？这不是很矛盾吗？难道你已经放弃对音乐的热爱了吗？"

"不"，苏珊十分坚定地说："老实说，假如能够让我重新选择，我会毫不犹豫地选择音乐，但我知道那只能是一个美好的‘假如’，因为我要把目前手头上的工作做好……因为我在那个位置上，那里有我应尽的职责，不管喜欢不喜欢，我都没有理由草草应付。全身心地投入其中，才是正确的选择。”

苏珊的话很耐人寻味——“把手头的工作做好……”，凝聚了她对自己所从事工作的敬重，凝聚了她不甘平庸的理念。正是这种“在其位，谋其政，成其事”的敬业精神，让她大气地将自己的喜好暂放在旁，演绎出了对职业的忠诚与认真，进而取得了令人瞩目的成功，拥有骄傲的人生。

生活从来都不是完美的，遗憾始终都会存在。也许因为命运的阴差阳错，也许因为单位的特殊需要，也许因为领导的调整交流——酷爱文学的你做了数学老师，喜欢教学研究的你做了行政管理，向往城市生活的你被分配到偏远学校任教……在这种情况下，你会怎样想？怎样做呢？

当我们无法改变自己在工作和生活中的位置时，与其用消极的态度，自暴自弃地荒废时光，还不如让自己努力去做好该做的事，承担起该承担的义务。不管现在你站在哪里，不管这个位置是不是你真正喜欢的，都请站好这班岗，这不仅是你需要承担的责任，更是你应当承担的义务。

事实上，在人生的道路上，无论我们喜欢什么，其实都是没有多大意义的，真正有实际意义的是“我现在在做什么”“我该如何做好现在”，只有学着喜欢现在的工作，好好地把握现在，我们才有可能实现人生的价值，让生命不会荒废。

一生做好一件事，专注才能创造奇迹

很多人以为，一个人能否成功，主要取决于这个人的能力有多强，智商有多高。然而实际生活中，在这个世界上，有许多成功者其实都资质平平，甚至看似愚钝，但他们却依旧能取得远远超过他们实际能力的成就，这又是为什么呢?

对于这个问题，美国经典励志电影《阿甘正传》或许会给你答案。

《阿甘正传》讲述的是先天身体残疾，并且智能不足的阿甘一次次铸就生命巅峰的故事，也是利用专心来引导成功的真实写照。无论何时何地，阿甘都铭记妈妈的忠告：“专心一意只做一件事”。在军队训练拆卸手枪的时候，那个黑人不停地说，阿甘则专注地不停地干，他把枪卸掉装好，黑人还没有卸好；赛跑时，他什么都不顾，只知道在路上不停地跑，他跑过了儿时同学的歧视，跑过了大学的足球场，成为出色的国家运动员；打乒乓球的时候他就只盯着球，其他什么事情也不想，每一件事他都全身心地投入，所以常常获得意想不到的成功。

瞧，成功的秘诀其实很简单，那就是有足够的专注力。若你能用一生去做一件事，将所有的时间与精力都集中在一个点上，那么必然是能创造奇迹的。只是可惜，在现实中，能够做到这一点的人并不多。

专注是一种非常强大的力量，它能让我们不受任何内心欲望和外界诱惑的干扰，对既定的方向和目标不离不弃，执着如一、不懈努力。从很大程度上来讲，我们之所以活得不比别人出色，就是因为缺乏这种抛弃杂念、心无旁骛的专注。想要的东西如果太多，甚至经常见异思迁或是四面出击，又怎么可能成功打造出自己的核心竞争力呢?

在职场上，一个人就算没有学历，没有工作经验，但只要能专注地做好一件事，哪怕一生只做一件事，必然也是能够有所成就的。对事情专心，一生只做好一件事，并非不求上进，也非懒惰，而是一种锲而不舍、全神贯注的追求，它不但需要有魄力，更需要有定力，如此也就能够摆脱外物的诱惑，理智清醒，坚守自我。

一个荷兰青年农民中学毕业后前往大城市找工作，但是由于他学历低、经验少，屡次碰壁，便又回到了小镇上，小镇上也没有太好的工作适合他，实在没有办法，他只有到镇政府去看大门，看门的工作太清闲了，他得做些什么，考虑再三，他决定选择既费时又费工的打磨镜片作为自己的业余爱好。

他不紧不慢、不慌不忙沉着性子地打磨镜片，日复一日，月复一月，年复一年，不知不觉就磨了60年，他从一个须发乌黑、英姿飒爽的小青年变成了一位须发斑白、背驼腰弯的老者。靠着专注认真和耐心细致，他的技术早超过了专业技师，他磨出的复合镜片的放大倍数，比别人的都要高。拿着自己研磨的镜片，他居然发现了当时科技界尚未知晓的另一个广阔的世界——微生物世界。

这一发现震惊了整个世界，从此他名声大振。为了表彰他为人类科学做出的杰出贡献，只有中学文化的他被授予了法国巴黎科学院院士、英国皇家学会会员的头衔，就连英国女王都感到惊奇，特此不远万里来小镇上拜会他。

这并不是虚构的传说，而是真真实实的，这个一生只磨镜片、创造这个奇迹的小人物，就是科学史上大名鼎鼎的荷兰科学家万·列文虎克！他除了拥有智慧与执着之外，更重要的是他十分专注！

看到了吧，成功不是什么难事，最重要的是收住心，心无旁骛地做一件事情。知道“水滴石穿”的故事吗？水本来是世间至柔之物，但是当水专注的时候，一滴一滴打在石头上，再坚硬的石头也会被砸出坑洞来。

杰里米·瓦里纳是美国田径新生代的灵魂人物，在2004年雅典奥运会上，他获得了男子400米冠军，4×400米接力冠军。在2005年世界田径锦标赛上，他又获得了男子400米冠军，4×400米冠军。而且，瓦里纳是自1964年后美国第一个在400米项目上“夺牌”的白人选手。

对于自己的成功，瓦里纳给出的秘诀是墨镜。的确，在赛场上瓦里纳总是戴着一副墨镜飞奔，在很多人眼里，眼镜其实是一种负累，但是瓦里纳却说：“没关系，我一共有三十多副墨镜呢。黑色的镜片可以让我把对手都挡在视线之外，从而沉浸在自己的内心世界里，可以更专注于自己的比赛。”

迈克尔·约翰逊是目前世界上400米成绩的世界纪录的保持者，他是瓦里纳意图超越的对象，也是瓦里纳的经纪人兼生活、训练的导师，而约翰逊也只服务于瓦里纳这唯一的顾客，因为他看好瓦里纳，觉得他不普通，约翰逊说：“他让我印象最深刻的一点，是那种全神贯注的能力。”

戴着墨镜奔跑，只是为了让自己全神贯注去比赛。想不到一副小小的墨镜，竟是一位世界冠军的制胜法宝之一，由此可知“专注”的力量有多么伟大！的确，心无旁骛，心理素质过硬，这就是瓦里纳的优势，也是他成功的关键。

古训说得好：“欲多则心散，心散则志衰，志衰则思不达”。人的时间和精力毕竟有限，往往穷尽全力也难以掘得真金。世界上最大的浪费，就是注意力不集中、把宝贵的时间和精力无谓地分散在许多事情上。

“专注”是一种有力的心智盾牌，它意味着坚持，也意味着抵挡诱惑的能力，抵挡那些慵懒的诱惑，抵挡那些浮躁的诱惑，抵挡那些放弃的诱惑，以专注明辨是非，以专注坚定信念，以专注创造奇迹。一生只做一件事，一次只求一个目标，专注才能创造奇迹，专注才能缔造辉煌。

辑六

极致：努力到无能为力，奋斗到鲜血淋漓

有些时候，你距离成功只差那么一点；有些时候，你的竞争对手就比你多走了一步。失之毫厘的失败是最惨痛的，也是最能让人吸取教训的。事情需要做到极致，这是一种态度。

不可轻易满足，更不可轻易放弃，因为你不知道大家希望你做到多好，你不知道你的对手又走了多远。只有全力以赴，只有尽力而为，才能只有将事情做到极致，才能百战不殆。

就算成不了第一，也要有“第一”的激情

古往今来，多少人有着伟大的理想，多少人在为理想而奋斗，但是，只有少数的人能够功成名就、永留史册，是他们比别人幸运吗？不是，很多时候是因为他们在坎坷面前不甘沉沦，没有退缩，始终抱着锲而不舍、坚持不懈的进取精神，不到最后关头决不言放弃，这是不到长城不止步的执着和坚定。

也许，你会说“我一直都想成功，也坚持了很多次，但一直都没有好的结果。”很多次是多少次？上百次，几十次，还是只有几次？成功的道路本就充满了艰难和坎坷，只有坚持不懈，一步一步地走下去，才能真正触摸到成功。要有就算无法成为第一，也始终存有“第一”的激情和觉悟，哪怕失败了百次、千次也仍旧可以一遍遍站起来，重新开始。要知道，当我们感到精疲力竭的时候，放弃虽然是最简单的，也是看起来最好的选择，但同时，放弃也意味

着断绝获得成功的可能与希望。

曾看过一个令人深思的漫画：

一个人在凿井，凿一处，还很清浅，没有见水就换一处；又凿了一个浅坑，还没有见水，就再换一处……他一连凿了好几处，都只是在松软的土地上留下几个浅浅的“牛脚印”，都没有见水，只好失望地扛着铁锹走了。其实有的井距水层只有一锹之遥，如果再坚持一下，胜利便属于他了，然而他放弃了，于是与成功失之交臂。

凿浅井！一个多么形象而贴切的比喻啊！很多时候，我们的事情之所以做不好，往往不是因为没有能力，而是没有恒心，没有将事情做到极致的觉悟。努力并不一定会成功，但放弃则一定会失败。其实看看我们身边的人，看看自己，是不是或多或少地都在浅尝辄止，稍难即退，轻言放弃，凿了许多不见清泉的浅井，到头来像漫画中的人一样两手空空？

“锲而舍之，朽木不折；锲而不舍，金石可镂；绳锯木断，水滴石穿”，这句古诗反映的正是坚持的作用，坚持的力量。的确如此，看起来美好的东西从来都不是容易获取的，那必定是历经漫长的时间，投入无穷的毅力所铸造的结果。

一提到西尔维斯特·史泰龙，大家都知道他是一个世界顶尖级的电影巨星，风光无限，不过他的人生经历更让人心酸，更能给人启迪。

史泰龙生长在一个酒赌暴力的家庭，而且生活穷困潦倒，他身上全部的钱加起来也不够买一件像样的西服，但他仍全心全意地坚持着自己心中的梦想——做演员，当电影明星，甚至一刻都没有放弃过。为了实现自己的梦想，史泰龙带着自己的剧本，开始挨家挨户地拜访好莱坞的所有电影公司，寻找演出的机会。

当时好莱坞总共有500家电影公司，史泰龙逐一拜访以后，无奈的是，任何一家电影公司都不愿意录用他。这样郁郁不得志的挫折，足以耗费一个普通年轻人所有的热情与激情，但是史泰龙没有沉沦，更没有退缩。之后，史泰龙又从第一家开始了他的第二轮拜访与自我推荐，第二轮拜访之后也以失败而告终。史泰龙坚持着自己的信念，又开始了第三轮的拜访，结果仍与第二轮相同。不久后，他又咬牙开始了他的第四轮拜访。

终于，在第四轮拜访第350家公司的时候，也就是经过1885次的拒绝后，奇迹出现了。这家公司的老板竟破天荒地同意投资开拍史泰龙写的这部电影，并请他担任自己所写剧本中的男主角。这部电影就是之后红遍全世界的《洛奇》，史泰龙名声大噪，一时成为“铁血英雄”的代言人。

假设在第三轮惨遭无情的拒绝后，西尔维斯特·史泰龙就停住了第1501次的拜访，现在还有这个世界顶级动作巨星吗？还有他参与的电影佳作吗？他还能成就自己美好的梦想吗？ 而他的人生还会如此精彩吗？相信你我心中都有答案。是坚持，引导史泰龙赢得了最后的成功，他不到最后关头决不轻言放弃的风骨令人折服。

当你为自己的平庸和碌碌无为而哀叹时，或许应该问一下自己：“我坚持了吗？”在遇到困难，遭受挫折的时候，在汗流浃背，精疲力竭的时候，不要轻言放弃，怨天尤人，而应该提醒自己要坚持，坚持，再坚持。

意志，总是在残酷和无情中坚持。

思想，总是在徘徊和坚持中成熟。

生命，总是在坚持和不懈中茁壮。

永不放弃是强者，浅尝辄止是懦夫！每个人都有获得成功的机会，只是有些人付出更多的努力罢了。那些能够成功的人，无论身处何种境地，都不会畏惧困难，不会轻言放弃；无论做什么事情，都会专心致志，做到极致。如此自然就不会有渡不过去的难关。

坚持是一把凝聚了一个人全部智慧和力量的利剑。拥有了这把利剑，你也就拥有了挑战和征服命运的勇气，拥有了一个乐观安适的心态，也就能将自己的聪明才智发挥到淋漓尽致，也就有机会走向生命的卓越和伟大。

一件事要么不做，要做就做到最好

相信很多人对这样现象都会感到困惑——

同时进入公司的人，几年后注定要分化，有的人每天忙忙碌碌，却很少得到老板表扬；有的人没那么辛苦，却很讨老板欢心，屡屡得以提拔；有的人工作多年依然默默无闻、毫无建树，有的人却是公司里的佼佼者，不停地创造着奇迹……

为何会出现这样的结局呢？我们不妨先来看一个小故事：

某天，一个猎人带着自己的猎狗去森林里打猎。半天过去了，猎人看到森林中没有什么猎物，正准备离开，突然跑出来一只野兔，猎人拿起猎枪朝野兔开了一枪，结果只击中了野兔的一只后腿。受伤的野兔开始拼命地跑，猎狗在猎人的指示下飞奔出去追赶野兔，但是还是让野兔逃跑了。

猎狗悻悻地回到猎人身边，猎人气恼地骂道：“你这个没用的东西，连一只受伤的野兔都追不到！害得我今天要空手而回了！”猎狗听了主人的话，很不服气地顶了一句：“可是，我已经尽力了呀，那兔子跑得太快了！”

野兔跑回洞里，它的兄弟们都围过来惊讶地问：“那只猎狗凶得不得了，你脚受伤了怎么还能跑得这么远，而且还跑得过它呢？”野兔回答道：“并非我跑得比猎狗快，而是因为猎狗追捕猎物是为了得到主人的肯定、美味的食物，它跑累了大不了不追，而我是想保住自己的性命，所以只能竭尽全力地奔跑。”

在上面的小故事中，猎狗因为没有抓住即将到手的猎物，受到了主人的谩骂。猎狗已经尽力而为了，它有什么错吗？但是通过后来野兔与同伴的对话，我们可以领悟到：并非野兔比猎狗跑得快，它也根本跑不过猎狗，它只是为了保命不得不竭尽全力地奔跑，可见尽力而为和竭尽全力的结果截然不同。

现代社会的竞争异常激烈，很多人存在这样一种错误的想法：做事情仅仅满足于尽力而为，认为工作只要尽力而为就可以了，没必要让自己累死累活的，就如同故事中的那只猎狗，结果不能最大限度地发挥自身的潜力，也不容易获得上司的青睐和事业上的成功，导致整个人生陷入了困顿。

正确的方法是，要像故事里的野兔一样全力以赴。全力以赴是指把全部的身心投入到工作中去，在工作中竭尽全部的才力和能力。对工作尽心尽力、尽职尽责的人，才会在工作中有出色的表现，才会得到别人的认可，才会得到丰硕的回报。任何人的成功都不是随便得来的结果，离开全力以赴没有一个人能够成功。

兰狄·马丁是一名美国运动员，他在1972年参加了第一届波士顿马拉松比赛。这次比赛全程超过26英里，而且是在起伏很大的山坡地进行，难度是非常大的。在此之前，兰狄·马丁一直在积极备战，他希望自己能够拿冠军，但遗憾的是，兰狄·马丁最终只取得了第三名的成绩。

当记者问兰狄·马丁没有取得第一名的成绩会不会有遗憾时，他很坦然地回答道："当冲过终点的那一刻，我就觉得自己胜利了，因为我已经全力以赴了。每一位跑完全程的人都是胜利者，结果是什么样是另一回事，关键是好好的，全力以赴地去做，这样就不会有任何的遗憾了。"

兰狄·马丁是抱着赢的心态去比赛的，即便输了他也没有觉得遗憾，或者气恼。的确，拿第一是赢，全力以赴也是一种赢，享受这个付出的过程吧。没有一件事比尽力而为更能使你满足，也只有这时候你才会发挥最好的潜力。

为什么尽力而为和竭尽全力的结果如此不同呢？在这里，我们需要着重讲一讲潜力。每个人都有无限的潜力存在，但大多数人只发挥了不到10%，剩下90%以上的潜力则被深藏起来，这正是尽力而为的结果。而全力以赴，则能有效激发出剩余的潜力，充分调动自己的智力，进而实现心中的愿望。

因此，当你的工作或人生陷入困境时，不要再以"我尽力了，结果不理想"的借口敷衍自己，而是要对自己保持一个清醒的认识，时常问问自己，我今天是尽力而为的猎狗，还是全力以赴的兔子？

需要注意的是，一旦我们下定决心全力以赴地去做事，就意味着每天要付出更多的热情和汗水，必须毫不犹豫地切除自己的惰性，坚定不移地朝着既定的目标迈进，这是一种大气的人生态度，更是一种难能可贵的精神品质。可也正因为全力以赴太难做到了，所以大多数人总是一再地躲避它，甚至违背它。

是的，全力以赴去做事情的确很难很累，但是当我们获得了成功的时候，我们会觉得所有的付出都是值得的。事实上，当我们全力以赴时，不管结果如何，我们都是赢了。因为全力以赴所带来的个人满足，使我们已经成为了最大的赢家。

成功从来只有一条路，那就是勤奋、勤奋、再勤奋

在生活中，伟大的成功和辛勤的劳动永远都是成正比的，付出多少相应的就会有多少回报。打一个形象的比喻：我们若想在秋天收获丰硕的果实，春天就不要吝啬手里的种子，将它们播撒并且精心地照顾，你会发现，你种下什么秋天就会收获什么，只是或多或少的问题，倘若你没有播种，又怎会有收获呢？

然而，生活中不少人其实都不懂这一道理，成天希冀着成功的到来，却又不肯付出辛勤的劳动，最后的结果可想而知。不要埋怨自己的收获比别人少，不要感慨人生对自己不公平，为什么不冷静地想一想，你付出了多少呢？

一个人成功与否，固然与环境、机遇、天赋、学识等外部因素相关联，但更重要的是自身的勤奋与努力。一分耕耘一分收获，勤奋使平凡变得伟大，使庸人变成豪杰。古今中外，那些意气风发的

成功者，无不是勤奋刻苦的楷模，是勤奋铸就了他们内心的力量，促成了他们生命的辉煌。

张溥抄书抄得手指成茧，写出了《五人墓碑记》这一千古流芳的名篇；李白拥有“铁杵磨成针”之勤，读书读得口舌成疮，故能斗酒诗百篇；杜甫有“读书破万卷”之勤，所以“下笔如有神”；王羲之日日临池学书，以致染黑了池水，后因“矫若惊龙”的草书而被尊称为书圣……

正所谓“业精于勤，荒于嬉”，有的人即使很有天分，但如果他不勤奋，不能脚踏实地地做事，只会蜕变为碌碌无为的人。方仲永天资聪慧，五岁能做诗，被乡里称为“奇才”，就在人们纷纷找他作诗之际，他父亲感到从中有利可图就让他放弃了学习，整天带着他到处吃喝玩乐，结果诗才枯竭，终于“泯然众人矣”。

每个人都应该有这样一种认知：坚持勤勤恳恳地付出心血，才会换来实实在在的成功。因此，我们要想在工作中出人头地，达到事业的高峰，享受美好的人生，只有一种途径，那就是勤奋、勤奋、再勤奋，肯下苦功夫，肯脚踏实地的拼搏。

有一个好吃懒做的中年人，整天揣着两只手东逛逛西溜溜，却又总想着发财致富，每隔三两天他就到教堂祷告一会儿：“上帝啊！看在我多年对你虔诚的份儿上，就让我中一次彩票吧！阿门。”

几天后，他又来到教堂，同样祈祷着：“上帝啊！你就让我中一次彩票吧，以后我一定更加虔诚的服从你。阿门！”又过了几天，他再次到教堂重复着祷告，但是头等奖都被别人给中了，压根就没有他的份儿。

又过了几天，这位中年人变得无比绝望，抱怨说：“我的上帝呀！只要我中一次彩票，我愿终生侍奉您，你为什么不聆听我的祈祷呢？……”

这时，上帝发出了庄严的声音：“可怜的孩子呀！我一直都在聆听你的祷告，可是，最起码你也应该先去买张彩票吧！”

故事中这位中年人成天想着中彩票，却一次也不买彩票，一点也不付出，即使上帝发善心真想帮助他，也是没有办法的。这是个发人深省的小故事，它告诉我们：要想有所收获，就必须先付出。

世上没有免费的午餐，上帝总是青睐有准备的人，不付出任何努力，坐等奇迹发生那简直是不可能的，这些想法往往是懒惰者的借口，是虚浮者的托辞。如果你想比别人成功，那么，就请扪心自问一下，你是否能够像尼可罗·帕格尼尼那样勤奋学习、勤奋探索、勤奋实践呢？

尼可罗·帕格尼尼的奋斗史就说明了这个道理。

帕格尼尼是意大利小提琴演奏家、作曲家，著名的音乐评论家勃拉兹称帕格尼尼是“操琴弓的魔术师”，歌德评价他“在琴弦上展现了火一样的灵魂”。记者问帕格尼尼：“您取得成功的秘诀是什么？”帕格尼尼回答：“勤”，这里的“勤”指的就是勤奋，无论是在哪里，他都是以勤奋而闻名。

帕格尼尼的父亲是小商人，没受过多少教育，但却非常喜爱音乐，他聘请了一位剧院小提琴手教帕格尼尼拉琴，那时帕格尼尼刚满7岁。在同龄孩子耽于玩乐时，帕格尼尼每天早上九点钟开始在家练习拉小提琴，一直到下午五六点钟才结束，他从不偷懒，勤勤恳恳，以至于就连做梦都在拉琴。就这样，帕格尼尼练就了娴熟的小提琴演奏技法，12岁时他把《卡马尼奥拉》改编成变奏曲并登台演奏，一举成功，轰动了音乐界。

之后，帕格尼尼开始跟着许多不同的老师学习，包括当时最著名的小提琴家罗拉和指挥家帕埃尔，他依然每天大约用12个小时练习自己的作品。1801年起的五年间，他隐居了起来，但是他并没有停止自己的创作，这一时期他完成了《威尼斯狂欢节》《军队奏鸣曲》《拿破仑奏鸣曲》等六首小提琴，并创造了小提琴与吉他合奏的奏鸣曲，这大大丰富了小提琴的表现力。

1825年后，已经功成名就的帕格尼尼大可在家享受生活，但是他对待事业的勤勉丝毫没有消减，他往来于欧洲各地举行演奏自己作品的音乐会，1828年奥地利维也纳、1831年法国巴黎和英国伦敦，1839年马赛，然后去尼斯，这些演出均引起了轰动，也奠定了国际演奏大师的地位。

学小提琴的人是世界上最为勤奋的群体，他们的勤奋不是一时，而是一生。可以想象，如果心中没有一个强大的精神支柱，可能谁也坚持不了五十年。帕格尼尼五十年如一日地勤练小提琴，将勤奋发挥得淋漓尽致，最终印证了爱迪生所说："成功=百分之一的灵感+百分之九十九的汗水。"

一时勤奋并不难做到，但要一生勤奋却不是一件很容易的事情。因为，勤奋是一种持之以恒的精神，需要坚忍不拔的性格和坚强的意志，需要数年如一日地付出心血和汗水，只有大气之人才能够真正做到。

那些意气风发的成功者，无不是勤奋刻苦的楷模，是勤奋铸就了他们内心的力量，促成了他们生命的辉煌。若想由平凡变得伟大，由庸人变成豪杰，唯一的途径就是勤奋、勤奋、再勤奋，肯下苦功夫，肯脚踏实地。

烂牌也要拼，打好手中的坏牌

人生就像打扑克牌一样，你无法决定命运会给你怎样的牌面，但你却能够控制自己的牌应当怎么打出去。对于真正的高手来说，牌面从来不能决定输赢，只要不曾盖棺定论，那么奇迹就永远都有发生的机会。

人生的成功不在于是否能拿到一副好牌，而是怎样将坏牌打好——烂牌也要打出好结果，不管拿到什么牌都要打出好结果。正如印度前总统尼赫鲁所说："生活就像是玩儿扑克，发到手里的是什么牌是定了的，但你的打法却完全取决于自己。"

纵观古今中外，很多人生的奇迹其实都是由那些最初拿了一手坏牌的人创造的。面对拿到坏牌的沮丧，他们一笑置之，超然待之，拥有打好坏牌的决心和信心，所以他们能突破重围，使问题迎刃而解，并最终获得成功。

有这样一个日本年轻人，他身高只有145厘米，体重50公斤，是一个典型的矮个子。前去日本明治保险公司应聘时，主考官只瞟了他一眼，不等他开口说话，就抛出一句硬邦邦的话："你不能胜任推销员的工作。"是啊，作为一名推销员，谁不希望自己有一副好的形象呢！那些身材魁梧的人，颜面漂亮的人，在访问别人时肯定容易取得对方的好感，而身材矮小却往往不受重视，甚至遭人蔑视，在访问别人时容易吃亏。"为什么我这么差？"，他为此懊恼，甚至绝望过。

但是，这一切都没有使这位年轻人退却或者放弃，他认为推销能否成功的关键并不在于一个人的外貌形象，关键的是引起对方的注意，抓住对方的心，他要向众人证实："我是干推销的料。"想通了以后，他决定以表情取胜。为了使自己的微笑让别人看起来是自然的、发自内心的真诚笑容，他找了一个能照出全身的大镜子，每天利用空闲时间，不分昼夜地练习。他假设了各种场合与心理，把微笑分为了38种。

他独特的矮小身材，配上他刻意制造的表情，经常逗得客户哈哈大笑，陌生感瞬间就会消失，彼此也就能更进一步的沟通了。曾经在对付一个极其顽固的客人时，他用了30种微笑才把准客户逗笑。就这样，他拉到了一笔又一笔的保险单，业绩直线上升，被誉为"日本推销之神"，他就是原一平。

原一平又小又瘦，先天不足横看竖看实在缺乏吸引力，可以说他拿到手的是一幅坏牌，但他通过苦练笑容，用自己的汗水和勤奋、韧力和耐心创造了令人瞩目的成功。他的故事启示我们：当你自身条件差时，不要自卑，更不要消沉，没有一副好牌可打时，打好坏牌，照样可以取得成功。

拿到一手好牌的人，不一定能赢，而拿到一手烂牌的人，也不一定会输。有的人牌并不差，可总在抱怨牢骚，以致于打成最坏的结果；有的人牌也许并不理想，可经过认真分析、合理组合后，打出了比较好的成绩。如此循环下去，致使人生的成就判若云泥，这就是大气者与非大气者的差别所在。

仲永自幼聪慧、声名鹊起，杨贵妃貌美倾城、富贵雍容，他们拿到手的算是一副顶好的牌，可是却一个没落，一个惨死；《荷马史诗》的作者荷马是个盲人流浪者，海伦·凯勒则是又聋又哑又瞎，有谁比他们摸到的那副牌更糟呢？可是，他们以自己坚强的意志力，以不向命运屈服的信念，最终获得了巨大的成功。

可见，拿到烂牌其实也没什么大不了的，关键是要懂得摆正心态、自我调节。

艾森豪威尔年轻时，经常和家人一起玩纸牌游戏。一天晚饭后，他像往常一样和家人打牌，这一次，他的运气特别不好，每次抓到的都是很差的牌，开始时他只是有些抱怨，后来他便发起了少爷脾气。

一旁的母亲看不下去了，严肃地告诫他说："既然要打牌，你就只能用你手中的牌打下去！"见艾森豪威尔依然愤愤不平，母亲心平气和地说："其实，人生就和打牌一样，不管你手中的牌是好是坏，你都必须拿着。你能做的，就是让心情平静下来，然后力争把自己的牌打出最好的效果！"

母亲的话犹如当头一棒，令艾森豪威尔在突然之间对人生有了直观的感悟。此后，他一直牢记母亲的话，并以此激励自己不断努力进取、积极向上。就这样，他一步一个脚印地向前迈进，成为中校、盟军统帅，最后登上了美国总统之位。

很多人有过这样的经历，原本是满怀信心地要打一副好牌，赢得漂亮些，无奈天公不作美，抓到手里的却是一副坏牌，这可怎么办呢？此时，有些人会选择放弃，主动认输或者坏牌坏打，破罐破摔，然后等待下一次抓牌的机会。

殊不知，上天发牌是随机的，谁能保证下一次的牌就一定是能取胜的好牌呢？与其认栽，倒不如大气一点，超然一点，留下来力争打好每一张牌，尽力打好这副坏牌，这样既能锻炼自己的能力，又能吸取成功的经验，如果发挥得好的话还可以使自己手中的劣势转为优势，从而使坏牌变为好牌，这岂不更胜一筹吗？

说到底，手中的牌无论好坏，都是我们唯一能够利用的资源，“打好手中的牌”是我们能够做出的最明智的选择。很多人都太在乎自己手上牌的好坏，而忽略了如何去打好自己手上的烂牌！

所以，当我们不幸拿到不好的牌，比如，出生在一个普通人家，容貌平平，记忆欠佳，缺乏眼界和财力，甚至可能更糟……尽管我们有理由失望或者抱怨，但却没有理由不继续玩下去，走下去。此时我们能够做的，或者说应该做的，就是调整心态，把一副坏牌当成一副好牌来打。

胜利与失败不仅是实力上的较量，同时也是心智上的比拼。努力把一副坏牌打好，竭尽全力地控制住牌势，不使它朝着更坏的方向发展。有这等气魄，往往能够出奇制胜、反输为赢，开创出生活的另一番局面。

无欲则刚，成功从克制欲望开始

无欲则刚，这一成语出自《论语·公冶长》，孔子说，我没有看见刚强的人；有人马上问他，您的学生申枨怎么样？孔子说："枨也欲，焉得刚？"说申枨的欲望那么多，怎么能够刚强呢！从字面上的理解：没有欲望，你就是一块钢。言下之意——如果没有欲望，你就像一块钢板一样刚强密实无缝，无懈可击，我们常说无所求的人最难对付，就是这个道理。

"祸莫大于不知足，咎莫大于欲得"，说到底，人生最大的灾祸其实就是不知足，最大的过失就是贪婪。那些生活中的智者懂得这一点，所以他们在面对外界五彩缤纷的诱惑时，总是能够守住自己的内心，控制住自己的欲望，抵达无欲则刚的大境界。

明代著名政治家、清官海瑞正是"无欲则刚"的典型，他那像大山一样刚正不阿的气节和大义凛然，至今令后人无限钦敬和广为借鉴。

海瑞在湖南延平府南平县任教官时，延平府的督学官到南平县视察工作，海瑞和另外两名教官前去迎见。在当时的官场上，下级迎接上级一般都是要跪拜的，因此随行的两位教官都跪地相迎，可海瑞却站着，只行抱拳之礼，三人的姿势俨然一个笔架。这位督学官大为震怒，训斥海瑞不懂礼节。海瑞不卑不亢地说："按大明律法，我堂堂学官，为人师表，对您不能行跪拜大礼。"这位督学官虽然怒发冲冠却拿海瑞没办法，海瑞由此落下一个"笔架博士"的雅号。

过了几年，海瑞因为考核成绩优秀，被授予浙江严州府淳安县知县，淳安县经济落后，又位于南北交通要道，接待应酬多如牛毛，百姓不堪其扰。明朝抗倭名将胡宗宪的儿子路过淳安县索要见面礼，海瑞不给，遂向驿吏发怒，把驿吏倒挂起来。海瑞说："过去胡总督按察巡部，命令所路过的地方不要供应太铺张。现在这个人行装丰盛，一定不是胡公的儿子，没收他的全部银两放到县库中。"遂后派人乘马报告胡宗宪，胡宗宪未因此治罪于他。

当时明世宗迷信巫术，生活奢华，不理朝政，而朝廷大臣自杨最、杨爵得罪以后，没有人敢说时政。海瑞对此十分不满，买棺材，别妻子，散童仆，以死上书，指出世宗的弊端，劝诫他应振理朝政，因而激怒世宗，下令将海瑞逮捕到东厂禁锢，直至同年十二月世宗驾崩，穆宗即位，海瑞才出狱。

海瑞的"刚"，源于"无欲"。他克己奉公，两袖清风。为官几十年，他穿布袍、种菜自给，一日三餐只吃"落斛粥"（次米熬成的粥），一切唯温饱能居而已。一年母亲大寿之日，海瑞上街买了两斤肉，屠夫感慨到："没想到我这辈子还能做上海大人的生意"；外任地方大员时，海瑞规定自己每餐饭食连同薪柴、茶水、蜡烛等项费用不超过3钱，在物价便宜的地方则不超过2钱。

海瑞对个人、对生活从无他求，因此一无牵挂，不怕丢官，不怕杀头，为江山社稷和黎民百姓，敢于搏击权贵，抑制豪强，怒犯龙颜，若他不能"克己"，沾染不义之财，落下把柄在人手中，恐怕再想刚强也只会是刚出笼的豆腐，刚强不起来，正可谓"吃了人家的口软，拿了人家的手软"。

俗话说"人心不足蛇吞象"，人心处于不满足的状态，就像蛇想一口吞掉一头大象一样，一个人如果放任无止境的欲望，拥有了权势还想拥有更多，就很容易迷失本心本性，招致身心之役，甚至一无所获。

这里还有一个小故事，足以引人深思：

有一个农夫救了地主一命，地主为了报答农夫的救命之恩，于是决定赏给他一块土地。地主告诉他："明天从太阳升起的时候算起，你从这里往外跑，跑一段就插个旗杆，直到太阳落下地平线跑回来，你所插上旗杆的地都将归你。"

农夫身强力壮，跑步可难不倒他，一听到这样就可以得到土地，他高兴得手舞足蹈，心想："那我明天多跑一些路，这一天辛苦下来，岂不是可以圈很大一块地，我就可以一辈子享受这一大块地了，这个主意真是太棒了！"

第二天，太阳刚一露出地平线，农夫就迈着大步向前疾跑，他拼命地跑啊跑啊，步子一分钟也没停下，太阳偏西了还不想回来，眼看着太阳快要下山了，他才开始着急，于是加紧了脚步，走斜路向起点赶去。

只差两步就到达起点了，但是农夫的力气已经耗尽，他上气不接下气，瘫倒在地主的跟前了，倒下的时候两只手刚好触到起点的那条线。这一瘫就再没起来，于是地主找人挖了个坑，就地把他埋了，说道：“一个人要多少土地呢？其实就这么大！”

事例中的这位农夫，一心想得到更多的土地，即便最后他得到了很多的土地，可是又有什么用呢？他把自己的性命都给搭了进去，没有了生命，再多的土地还有什么意义呢？只剩下了埋葬自己的那点土地。

在《菜根谭》中，舍弃了功名利禄，归隐山林，洗心礼佛的明人洪应明在静修禅悟之后，对人生之“欲”进行了一番精辟论述：“人生只为欲字所累，便如马如牛，听人羁络；为鹰为犬，任物鞭笞。若果一念清明，淡然无欲，天地也不能转动我，鬼神也不能役使我，况一切区区事物乎！”

“无欲则刚”，善哉斯言！它揭示了一个道理：“无欲”是前提，“刚”则是结果。只要去除私欲，就能无所畏惧；无所畏惧，就能一身正气，刚直不阿。诱惑面前，守正而行，这是一种坦坦荡荡的人生态度，一种超然物外的自在，正可谓“无欲自然心似水”“无求胜于三公上”。

对工作的严肃态度，高度的正直，形成了自由和秩序之间的平衡。